电气安装规划与实施
（第 2 版）

任务实施工作页

姓名_____

班级_____

组别_____

北京理工大学出版社
BEIJING INSTITUTE OF TECHNOLOGY PRESS

目 录

项目一　交流电路的安装与调试 ··· 1
　　任务一　日光灯电路的安装与调试 ··· 1
　　任务二　低压配电电路的安装与调试 ·· 4
　　任务三　安全用电 ·· 9
项目二　三相异步电动机单向运行控制线路的装调 ··· 14
　　任务一　电动机点动控制电路的安装与调试 ··· 14
　　任务二　电动机连续运行控制电路的安装与调试 ······································ 19
项目三　三相异步电动机正反转控制线路的装调 ·· 26
　　任务一　双重互锁电动机正反转控制电路的安装与调试 ··························· 26
　　任务二　工作台自动往返控制电路的安装与调试 ······································ 32
　　任务三　工作台自动往返控制的 PLC 装调 ··· 37
　　任务四　时间控制的电动机自动反转控制电路的安装与调试 ···················· 42
项目四　三相异步电动机星三角启动控制线路的装调 ····································· 48
　　任务一　按钮控制的电动机星三角启动电路的安装与调试 ······················· 48
　　任务二　时间控制的电动机星三角启动电路的安装与调试 ······················· 54
　　任务三　PLC 控制电动机星三角启动线路的装调 ····································· 59
项目五　三台泵电气控制线路的安装与调试 ··· 64
　　任务一　电动机两地控制线路的安装与调试 ··· 64
　　任务二　电动机顺序启动、逆序停止控制电路的安装与调试 ···················· 69
　　任务三　PLC 控制三台泵电机顺序运行的装调 ·· 75
项目六　三相异步电动机能耗制动控制线路的装调 ··· 79
项目七　双速异步电动机变速控制线路的安装与调试 ····································· 85
　　任务一　按钮控制的双速异步电动机变速电路的安装与调试 ···················· 85
　　任务二　自动控制的双速异步电动机变速电路的安装与调试 ···················· 91
项目八　电动机变频调速控制 ·· 97
　　任务一　使用 BOP 面板控制变频器无级调速 ·· 97
　　任务二　使用变频器数字输入端子控制电动机正反转 ···························· 104
　　任务三　使用数字输入端子实现多段速控制 ··· 110
项目九　CA6140 型车床电气故障检测与维修 ·· 118
　　任务一　CA6140 型车床主轴电动机故障检测 ·· 118

任务二　CA6140 型车床刀架快速移动电动机故障检测 …………………………… 123

　　任务三　CA6140 型车床电气故障检测 …………………………………………… 128

项目十　M7120 平面磨床控制线路的故障检测 ………………………………………… 133

　　任务一　M7120 平面磨床砂轮电动机常见故障检测 ……………………………… 133

　　任务二　M7120 平面磨床电磁吸盘控制故障检测 ………………………………… 138

　　任务三　M7120 平面磨床电气故障检测 …………………………………………… 143

项目一　交流电路的安装与调试

任务一　日光灯电路的安装与调试

【任务描述】

选择合适型号的镇流器、启辉器、日光灯等电气元件，对照电路图完成日光灯电路的安装和调试。

【任务工单】

班级：	组别：	姓名：	日期：
工作任务	日光灯电路的安装与调试		分数：

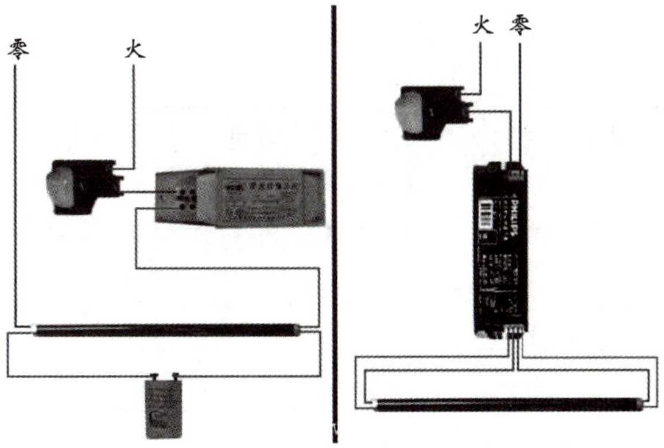

序号	任务内容	是否完成
1	分析荧光灯电路	
2	列出元器件清单	
3	绘制元件布置图	
4	检查评分	

【任务分析】

一、启辉器的作用

二、镇流器的作用

三、日光灯电路的工作原理

【任务准备】

一、元器件清单

序号	器件名称	数量	规格
1			
2			
3			
4			
5			
6			

二、元件布置图

【任务实施】

	线路点	动作指示	测试点1	测试点2	数据值
通电前	电源	断开开关	L	N	
		闭合开关	L	N	
	镇流器	断开开关	L	镇流器1点	
		闭合开关	L	镇流器1点	
通电后	电路电流				

【检查评估】

	项目要求	分值	实际得分
电路功能	接线正确、电路正常	50	
工艺要求	元件稳固、平正，布局合理	5	
	导线压接松紧适当	5	
	布线合理、美观	10	
完成时间	规定时间内完成得满分，每延时 10 min 扣 5 分	10	
不成功次数	一次成功得满分，不成功一次扣 5 分	10	
5S 情况	5S（现场、工具及相关材料的整理与填写）	10	
	实际总得分		

心得收获

【拓展强化】

一、拓展任务

试着绘制吸顶灯的接线电路图。

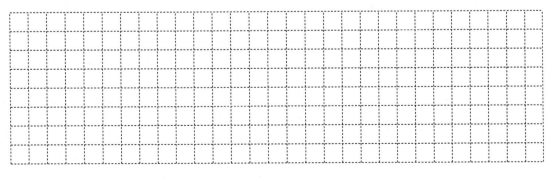

项目一 任务一习题强化答案

二、习题强化

（1）已知某交流电电压为 $u = 2\,202\sin(\omega t + \phi)$ V，求这个交流电压的最大值和有效值。

（2）已知正弦交流电压为 $u = 311\sin 314t$ V，求该电压的最大值、频率、角速度和周期。

（3）刚接好的荧光灯电路，通电后闪了一下就不亮了，灯管一端发黑，可能的原因是（　　）。

A. 电路错在接线，错将镇流器与灯管并联

B. 电路错在接线，错将启辉器与灯管并联

C. 电路错在接线，错将镇流器与灯管串联

D. 电路错在接线，错将启辉器与灯管串联

（4）刚接好的荧光灯电路，通电后启辉器不闪亮，灯也不亮，可能的原因是（　　）。

A. 电路错在接线，错将镇流器、启辉器与灯管并联

B. 电路错在接线，错将启辉器与灯管并联

C. 电路错在接线，错将镇流器、启辉器与灯管串联

D. 电路错在接线，错将启辉器与灯管并联

任务二　低压配电电路的安装与调试

【任务描述】

选择合适的功率表、开关及日光灯等电气元器件，按照电路图完成家庭照明电路的安装与调试，实现两地控制照明灯。

项目一　交流电路的安装与调试

【任务工单】

班级：	组别：	姓名：	日期：
工作任务	两地控制灯电路的安装与调试		分数：

序号	任务内容	是否完成
1	照明灯的控制过程分析	
2	填写元器件清单	
3	绘制元件布置图	
4	检查评分	

【任务分析】

照明灯的控制过程分析。

【任务准备】

一、填写元器件清单（请将对应的器件、工具、导线填入下表）

序号	器件	数量	规格

5

续表

序号	器件	数量	规格

二、绘制元件布局图

【任务实施】

	检测项目	测试点 1	测试点 2	数据值
通电前	电能表接线方式测定			
通电前	接线完成后线路检查			
通电后	电路电流			
通电后	10 min 电能表数值			

【检查评估】

	项目要求	分值	实际得分
电路功能	接线正确、电路正常	50	
工艺要求	元件稳固、平正，布局合理	5	
工艺要求	导线压接松紧适当	5	
工艺要求	布线合理、美观	10	

续表

项目要求		分值	实际得分
完成时间	规定时间内完成得满分，每延时 10 min 扣 5 分	10	
不成功次数	一次成功得满分，不成功一次扣 5 分	10	
5S 情况	5S（现场、工具及相关材料的整理与填写）	10	
实际总得分			

【拓展强化】

心得收获

一、拓展任务

试用双控双开控制卧室照明灯，并绘制电路图。

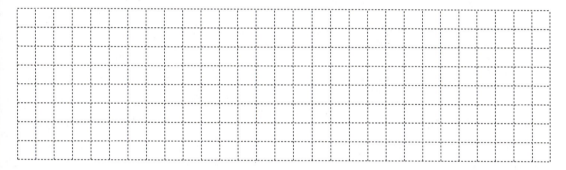

二、习题强化

（1）如题 1-2-1 图所示的三相四线制系统中，每相接入一组灯泡，其等效电阻 $R = 400\ \Omega$，若线电压为 380 V，试计算：

项目一 任务二
习题强化答案

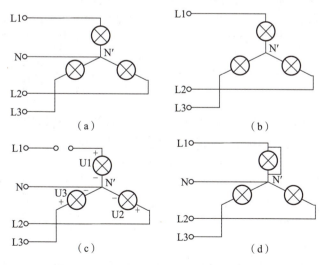

题 1-2-1 图

7

①各相负载的电压和电流的大小；
②如果 L1 相断开，其他两相负载的电压和电流的大小；
③如果 L1 相发生短路，其他两相负载的电压和电流的大小；
④若除去中性线，重新计算①、②、③。

（2）有三个 100 Ω 的电阻，将它们连接成星形或三角形，分别接到线电压为 380 V 的对称三相电源上，如题 1-2-2 图所示。试求：线电压、相电压、线电流和相电流各是多少？

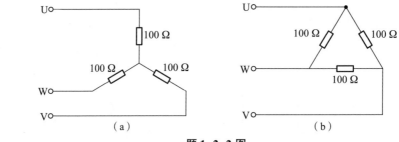

题 1-2-2 图

（3）已知星形连接的对称三相负载，每相阻抗为 40∠25°（Ω）；对称三相电源的线电压为 380 V。求负载相电流，并绘出电压、电流的相量图。

（4）现要做一个 15 kW 的电阻加热炉，用三角形接法，电源线电压为 380 V，问每相的电阻值为多少？如果改用星形接法，则每相电阻值又为多少？

（5）对称三相电路中，负载每相阻抗 $Z = (6 + j8)\Omega$，电源线电压有效值为 380 V，求三相负载的有功功率。

(6) 对称三相电阻炉作三角形连接，每相电阻为 38 Ω，接于线电压为 380 V 的对称三相电源上，试求负载相电流 I_P 线电流 I_L 和三相有功功率 P，并绘出各电压、电流的相量图。

任务三　安全用电

【任务描述】

在了解触电急救知识的基础上，正确操作触电急救模拟人及其控制设备，完成 1~2 个完整的急救过程，并记录。

【任务工单】

班级：	组别：	姓名：	日期：
工作任务	触电急救演练		分数：

序号	任务内容	是否完成
1	触电急救知识学习	
2	急救工作准备	
3	急救评分	
4	5S 整理	

【任务分析】

急救方法	实施方法	图示
使接触者迅速脱离电源	（1）出事附近有电源开关或插座时，应立即拉闸或拔掉电源插头。 （2）如一时无法找到并及时断开电源开关时，应迅速用绝缘工具或干燥的竹竿、木棒等将电线移掉，必要时可用绝缘工具切断电线，以断开电源	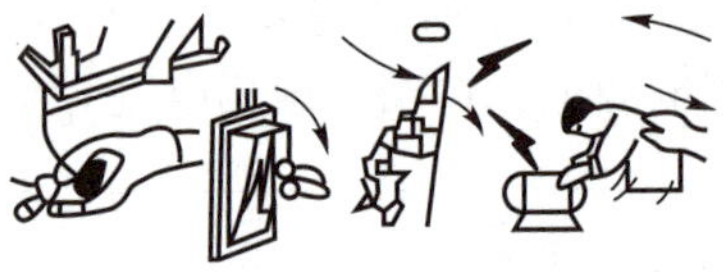
简单诊断	（1）将脱离电源的触电者迅速移到通风、干燥处，将其仰卧，将上衣和裤带放松。 （2）观察触电者瞳孔是否放大，当处于假死状态时，大脑细胞严重缺氧，处于死亡的边缘，瞳孔会自行扩大。 （3）观察触电者是否有呼吸存在，摸一摸颈部动脉有无搏动	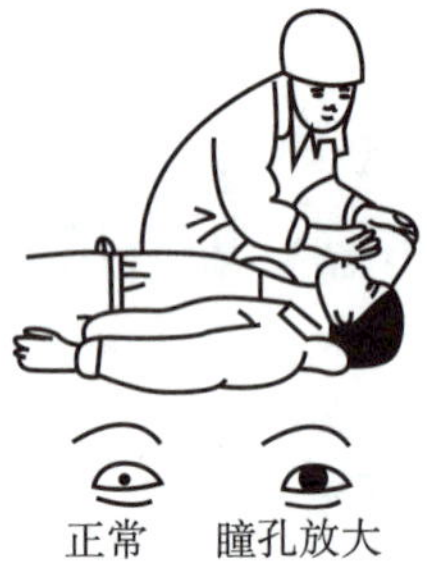 正常　瞳孔放大
对"有心跳而呼吸停止"的触电者，应采用"口对口人工呼吸法"进行急救	将触电者仰卧，解开衣领和裤带，然后将触电者头偏向一侧，张开其嘴，用手清除口腔中的假牙、血块等异物，使呼吸道顺畅	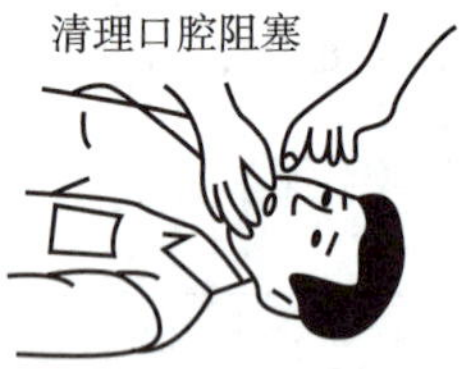 清理口腔阻塞
	抢救者在病人的一边，使触电者的鼻孔朝天，头后仰	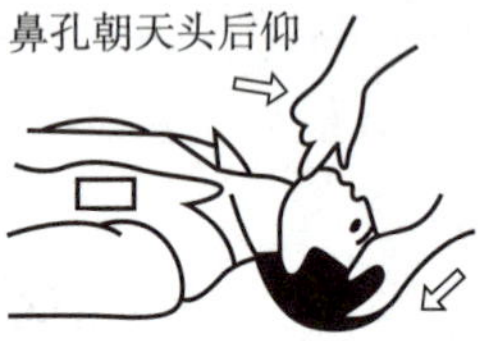 鼻孔朝天头后仰
	用一只手捏住触电者的鼻子，另一只手托在触电者颈后，将颈部上抬，深深吸一口气，用嘴紧贴触电者的嘴，大口吹气	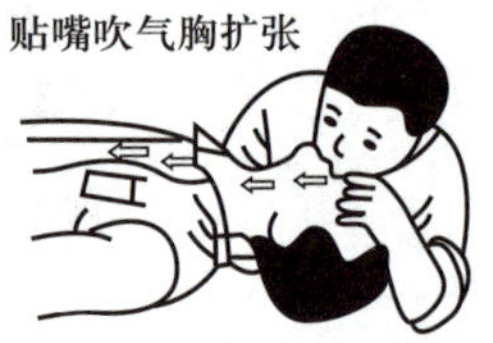 贴嘴吹气胸扩张
	放松捏鼻子的手，让气体从触电者肺部排出，如此反复进行，每5 s吹气一次，坚持连续进行，不可间断，直到触电者苏醒为止	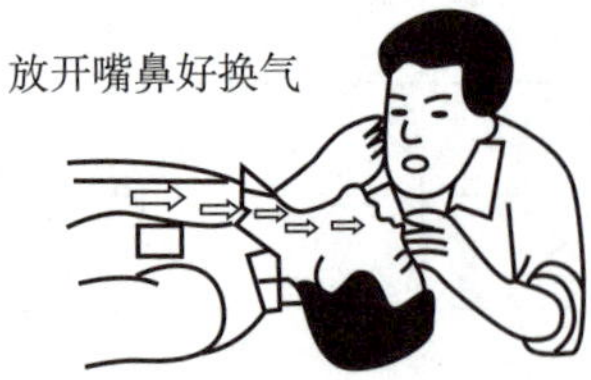 放开嘴鼻好换气

续表

急救方法	实施方法	图示
对"有呼吸而心跳停止"的触电者，应采用"胸外心脏挤压法"进行急救	将触电者仰卧在硬板上或地上，颈部枕垫软物使头稍后仰，松开衣服和裤带，急救者跪跨在触电者腰部	
	急救者将右手掌跟部按于触电者胸骨下二分之一处，中指指尖对准其颈部凹陷的下缘，当胸一手掌，左手掌复压在右手背上	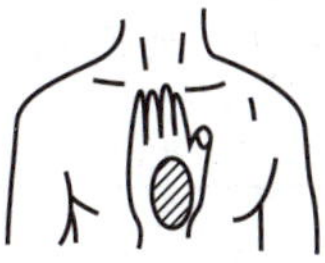
	掌跟用力下压 3~4 cm	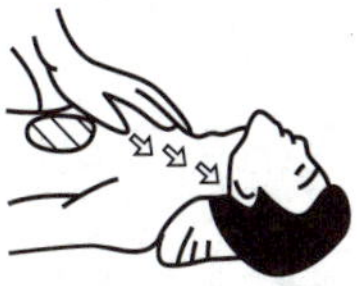
	突然放松，挤压与放松的动作要有节奏，每秒进行一次，必须坚持连续进行，不可中断，直到触电者苏醒为止	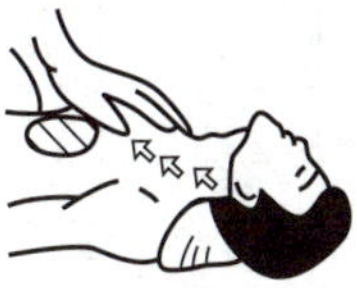
	一人急救：两种方法应交替进行，即吹气 2~3 次，再挤压心脏 10~15 次，且速度都应快些	
	两人急救：每 5 s 吹气一次，每秒挤压一次，两个同时进行	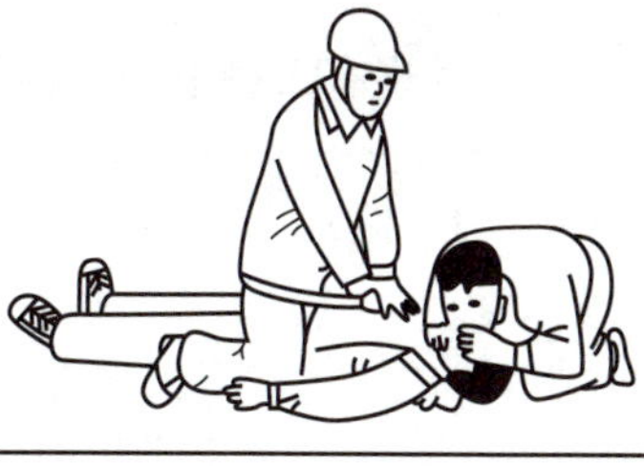

【任务实施】

序号	器材	规格
1	模拟人	
2	一次性口罩	
3	急救模拟设备	

【检查评估】

项目	分值	评分规则	得分
单人人工呼吸20次	20	姿势正确，吹气不足扣1分/次，吹气过大扣1分/次	
胸外按压20次	20	姿势正确，按压位置错误扣1分，按压力度不够扣1分	
同时进行人工呼吸和胸外按压	60	姿势正确，吹气和按下次数不正确一次扣1分；按下力度不够扣1分，吹气不正确扣1分	

【拓展强化】

项目一 任务三习题强化答案

心得收获

（1）常见的触电方式有哪些？

（2）常见的接地保护方式有哪些？

（3）发现有人触电应如何抢救？在抢救时应注意什么？

（4）一位发生事故的员工失血严重，您想帮助他，那么在什么情况下可以让他以右边所示的姿势躺着？

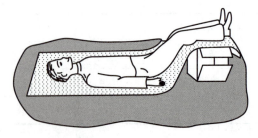

A. 昏迷　　　　　　　B. 大腿骨折　　　　　C. 呼吸停止　　　　　D. 休克
E. 中毒

（5）一供电系统是设计成 TN-S 配电系统的，TN-S 系统这个简写名称包含的意思是（　　）。

A. 电源变压器的零点是对地绝缘的
B. 连接到 TN-S 系统上的器件/设备的壳体是与工作接地不相干的地线相连的
C. TN-S 系统有一根零线和一根与零线分开的接地保护线
D. TN-S 系统有一根零线，这根零线同时也具有接地保护线功能
E. 连接到 TN-S 系统上的器件/设备的壳体是对地绝缘的

（6）"急救人员"在事故地点必须开展哪些救护举措（连锁救护）（　　）。

A. 急救、救护服务，打急救电话　　　　　B. 应急措施，打急救电话，急救
C. 救护服务，运送病人，急救　　　　　　D. 仅采取应急措施
E. 叫急救医生，送医院

项目二　三相异步电动机单向运行控制线路的装调

任务一　电动机点动控制电路的安装与调试

【任务描述】

了解交流接触器、熔断器、空气断路器等低压电器的选用；正确操作剥线钳、万用表等常用电工工量具；完成点动控制电气图识读，线路安装、接线、检测与调试。

【任务工单】

班级：	组别：	姓名：	日期：
工作任务	电动机点动控制电路的安装与调试		分数：

序号	任务内容	是否完成
1	识读电动机铭牌	
2	验电笔、剥线钳、万用表等工量具的使用	
3	分析电动机点动的工作过程	

续表

序号	任务内容	是否完成
4	列元器件清单，准备元器件	
5	绘制电气元件布置图	
6	绘制电气安装接线图	
7	安装与接线	
8	线路检测、调试与排故	
9	工量具、元器件等现场 5S 管理	

【任务分析】

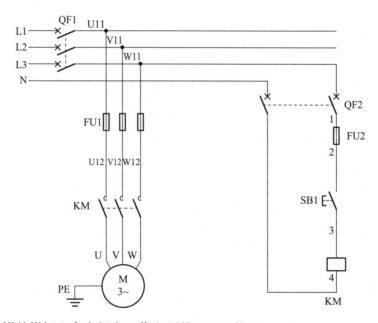

(1) 剥线钳的钳柄上套有额定工作电压是 500 V 的（　　）。

A. 木管　　　　　　　　　　　　B. 铝管

C. 铜管　　　　　　　　　　　　D. 绝缘套管

(2) 使用螺丝刀拧紧螺钉时要（　　）。

A. 先用力旋转，再插入螺钉槽口　　B. 始终用力旋转

C. 先确认插入螺钉槽口，再用力旋转　D. 不停地插拔和旋转

(3) 低压验电笔检测交流电压的范围是（　　）。

A. 500 V 以下　　　　　　　　　B. 400 V 以下

C. 300 V 以下　　　　　　　　　D. 200 V 以下

(4) 电机的铭牌上标注功率因素，"功率因素"是什么意思？（　　）

A. 轴端功率与电功率之比　　　　B. 轴端功率与输出功率之比

项目二　任务一
任务分析答案

C. 有效功率与无功功率之比　　　　D. 有效功率与视在功率之比

E. 无功功率与视在功率之比

（5）如何理解电动机点动控制的"即停即走"？

【任务准备】

一、列元器件清单

序号	电气符号	名称	数量	规格
1	QF			
2	FU			
3	KM			
4	SB			
5	M			

二、绘制元件布置图

三、绘制电气安装接线图

项目二 三相异步电动机单向运行控制线路的装调

【任务实施】

一、安装与接线

具体的元件安装步骤可归纳为：选取元件→检查元件→阅读安装说明书→选配安装工具→横平竖直安装。

具体的接线步骤可归纳为：剪导线→剥导线→拧导线→插导线→紧螺丝→走线槽。

二、线路测试

	电路名称	动作指示	测试点1	测试点2	万用表测导通
不上电情况	主电路	无动作（常态）	U11	U	
			V11	V	
			W11	W	
		按KM测试按钮	U11	U	
			V11	V	
			W11	W	
	控制电路	常态	1	4	
		按SB	1	4	
上电后情况	主电路状况描述				
	控制电路状况描述				

【检查评估】

按评分标准实施互评和师评。

序号	考核内容	考核要求	评分标准	配分	得分
1	电器元件选择	掌握电器元件的选择方法	1. 接触器、熔断器选择不对每项扣4分； 2. 空气开关、按钮、导线选择不对每项扣2分	20	
2	元件安装	1. 按图纸的要求，正确使用工具和仪表，熟练地安装电气元器件。 2. 元件在配电板上布置要合理，安装要准确、紧固	1. 元件布置不整齐、不合理，每只扣2分； 2. 元件安装不牢固、安装元件时漏装螺钉，每只扣2分； 3. 损坏元件每只扣4分	10	

续表

序号	考核内容	考核要求	评分标准	配分	得分
3	布线	1. 接线要求美观、紧固。 2. 电源和电动机配线、按钮接线要接到端子排上	1. 布线不美观，主电路、控制电路每根扣2分； 2. 接点松动、接头露铜过长、反圈、压绝缘层，每处扣2分； 3. 损伤导线绝缘或线芯，每处扣2分	30	
4	通电试验	在保证人身和设备安全的前提下，通电试验一次成功	1. 熔断器熔体额定电流错误扣5分； 2. 在考核时间内，1次试车不成功扣15分，2次试车不成功扣30分； 3. 主电路缺相扣5分，控制电路启停功能缺失扣5分	30	
5	5S情况	现场、工量具及相关材料的整理与填写	1. 工量具摆放不整齐扣5分； 2. 工作台脏乱差扣5分； 3. 工位使用登记不填写扣5分	10	
6	安全文明生产	按国家颁布的安全生产或企业有关规定考核	本项为否定项，实行一票否决	是（　） 否（　）	
合计					

【拓展强化】

项目二 任务一
拓展强化答案

心得收获

（1）熔断器主要由（　）、熔管和熔座三部分组成。

A. 银丝　　　　　　　　　　　　　　B. 铜条

C. 铁丝　　　　　　　　　　　　　　D. 熔体

（2）CJ20系列交流接触器的容量从6.3 A至25 A，采用（　）灭弧型式。

A. 纵缝灭弧室　　B. 栅片式　　C. 陶土　　D. 不带

（3）电压表使用时要与被测电路（　）。

A. 串联　　B. 并联　　C. 短路　　D. 混联

（4）接触器的额定电流应不小于被控电路的（　）。

A. 额定电流　　　　　　　　　　　　B. 负载电流

C. 最大电流　　　　　　　　　　　　D. 峰值电流

（5）当电路发生断路故障时，如何判断故障点及排除故障？

任务二 电动机连续运行控制电路的安装与调试

【任务描述】

熟悉交流接触器、热继电器、熔断器、空气断路器等低压电器的选用；正确操作剥线钳、验电笔、万用表等常用电工工量具；完成连续控制的电路电气图识读、线路安装、接线、检测与调试。

【任务工单】

班级：	组别：	姓名：	日期：
工作任务	电动机连续运行控制电路的安装与调试		分数：

序号	任务内容	是否完成
1	低压电器选用	
2	验电笔、剥线钳、压线钳、万用表等工量具使用	
3	分析电动机连续运行的工作过程	
4	列元器件清单，准备元器件	
5	绘制电气元件布置图	
6	绘制电气安装接线图	
7	安装与接线	
8	线路检测、调试与排故	
9	工量具、元器件等现场 5S 管理	

【任务分析】

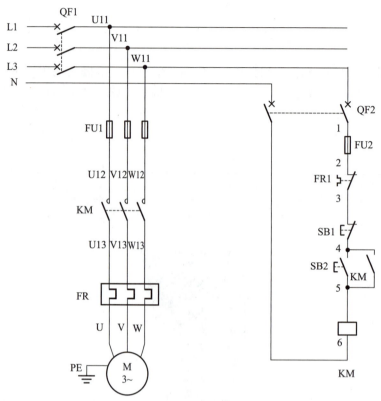

视频1：电动机连续运行电路

(1) 热继电器的作用是（　　）。

A. 过载保护　　　　　　　　　　B. 短路保护

C. 失压保护　　　　　　　　　　D. 零压保护

(2) 电动机连续运行控制电路中，实现欠压和失压保护的电器是（　　）。

A. 熔断器　　　　　　　　　　　B. 继电器

C. 接触器　　　　　　　　　　　D. 热继电器

项目二　任务二任务分析答案

(3) 控制电路的停止按钮一般选用（　　）颜色。

A. 黄色　　　　　　　　　　　　B. 红色

C. 绿色　　　　　　　　　　　　D. 黑色

(4) 对于电动机负载，熔断器熔体额定电流应选电动机额定电流的（　　）倍。

A. 1~1.5　　　　　　　　　　　B. 1.5~2.5

C. 2.0~3.0　　　　　　　　　　D. 2.5~3.5

(5) 连续运行控制电路与点动控制电路有哪些不同点？

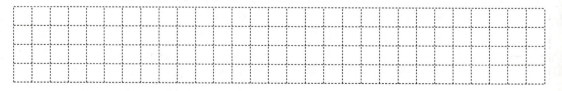

【任务准备】

一、列元器件清单

序号	电气符号	名称	数量	规格
1	QF			
2	FU			
3	FR			
4	KM			
5	SB			
6	M			

二、绘制电器布置图

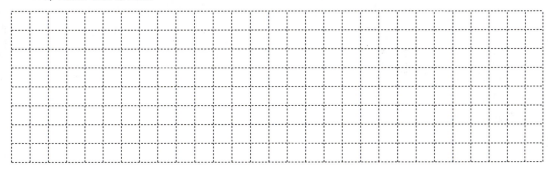

三、绘制电气安装接线图

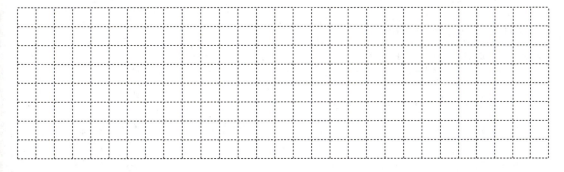

【任务实施】

一、按规范安装与接线

具体的元件安装步骤可归纳为：选取元件→检查元件→阅读安装说明书→选配安装工具→横平竖直安装。

具体的接线步骤可归纳为：剪导线→剥导线→拧导线→插导线→紧螺丝→走线槽。

二、线路测试

	电路名称	动作指示	测试点 1	测试点 2	万用表测导通
不上电情况	主电路	无动作（常态）	U11	U	
			V11	V	
			W11	W	
		按 KM 测试按钮	U11	U	
			V11	V	
			W11	W	
	控制电路	常态	1	6	
		按 SB2	1	6	
		按 KM 测试按钮	1	6	
		按 SB1 或 SB2	1	6	
上电后情况	主电路状况描述				
	控制电路状况描述				

【检查评估】

按评分标准实施互评和师评。

序号	考核内容	考核要求	评分标准	配分	得分
1	电器元件选择	掌握电器元件的选择方法	1. 接触器、熔断器、热继电器选择不对每项扣 4 分； 2. 空气开关、按钮、导线选择不对每项扣 2 分	20	
2	元件安装	1. 按图纸的要求，正确使用工具和仪表，熟练地安装电气元器件； 2. 元件在配电板上布置要合理，安装要准确、紧固	1. 元件布置不整齐、不合理，每只扣 2 分； 2. 元件安装不牢固、安装元件时漏装螺钉，每只扣 2 分； 3. 损坏元件每只扣 4 分	10	

续表

序号	考核内容	考核要求	评分标准	配分	得分
3	布线	1. 接线要求美观、紧固； 2. 电源和电动机配线、按钮接线要接到端子排上	1. 布线不美观，主电路、控制电路每根扣2分； 2. 接点松动、接头露铜过长、反圈、压绝缘层，每处扣2分； 3. 损伤导线绝缘或线芯，每处扣2分	30	
4	通电试验	在保证人身和设备安全的前提下，通电试验一次成功	1. 熔断器熔体额定电流、热继电器整定值错误每项扣5分； 2. 在考核时间内，1次试车不成功扣15分，2次试车不成功扣30分； 3. 主电路缺相扣5分，控制电路启停、自锁功能缺失每项扣5分	30	
5	5S情况	现场、工量具及相关材料的整理与填写	1. 工量具摆放不整齐扣5分； 2. 工作台脏乱差扣5分； 3. 工位使用登记不填写扣5分	10	
6	安全文明生产	按国家颁布的安全生产或企业有关规定考核	本项为否定项，实行一票否决	是（　　） 否（　　）	
		合计			

【拓展强化】

一、拓展任务

电动机点动和连续运行控制电路的绘制与分析。

心得收获

二、习题强化

（1）连续运行控制电路中，实现短路保护的电器是（　　）。
A. 熔断器 　　　　　　　　　　　　B. 继电器
C. 接触器 　　　　　　　　　　　　D. 热继电器

项目二　任务二
习题强化答案

（2）下面哪个电路图对应自锁"启停电路"（　　）。

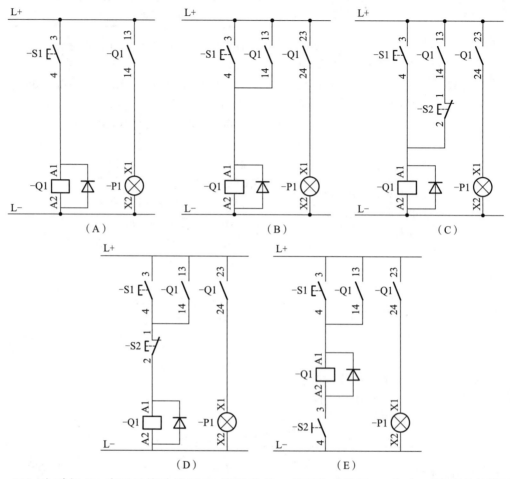

（3）电动机 M1 应通过按动按钮 S1 接通并且一直至按动按钮 S2 为止，同时要考虑过载情况。下面哪张图正确给出了控制电路的电路图？（　　）

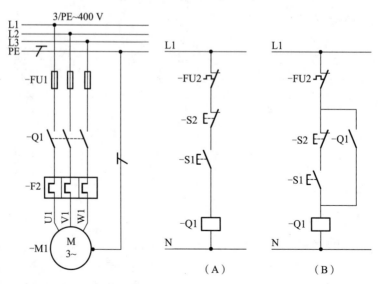

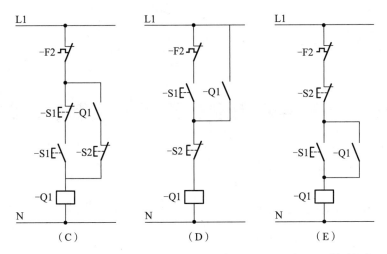

（4）电动机连续运行电路简称"启保停"电路，对照电路图，说明原理及对应的控制按钮。

（5）当电路发生短路故障时，如何判断故障点及排除故障？

项目三 三相异步电动机正反转控制线路的装调

任务一 双重互锁电动机正反转控制电路的安装与调试

【任务描述】

熟悉交流接触器、热继电器、熔断器、空气断路器、复合按钮等低压电器的选用;正确操作剥线钳、压线钳、验电笔、万用表等常用电工工量具;完成正反转控制电路电气图识读与分析,线路安装、接线、检测与调试。

【任务工单】

班级:	组别:	姓名:	日期:
工作任务	双重互锁电动机正反转控制电路的安装与调试		分数:

序号	任务内容	是否完成
1	验电笔、剥线钳、压线钳、万用表、线号机等工量具的使用	
2	分析机械互锁和电气互锁	
3	分析双重互锁电动机正反转的工作过程	

序号	任务内容	是否完成
4	列元器件清单，准备元器件	
5	绘制电气元件布置图	
6	绘制电气安装接线图	
7	安装与接线	
8	线路检测、调试与排故	
9	工量具、元器件等现场5S管理	

【任务分析】

视频2：电动机正反转控制

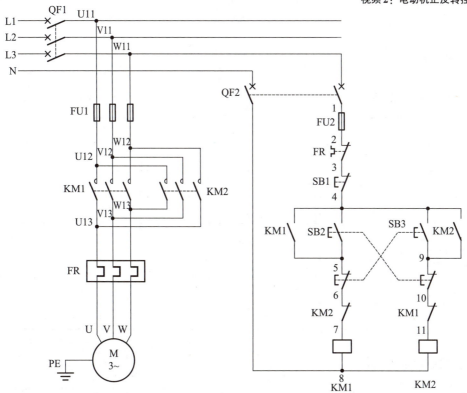

（1）在电气互锁的控制电路中，其互锁触头应是对方接触器的（　　）。

A. 主触头

B. 常开辅助触头

C. 常闭辅助触头

D. 辅助触头

项目三　任务一
任务分析答案

（2）双重互锁的正反转控制电路，由正转切换到反转的操作是（　　）。

A. 按下反转按钮

B. 先按下停止按钮，再按下反转按钮

C. 先按下正转按钮，再按下反转按钮

D. 先按下反转按钮，再按下正转按钮

（3）三相异步电动机的正反转控制关键是改变（　　）。

A. 电源电压　　　　　　　　　　　B. 电源相序

C. 电源电流　　　　　　　　　　　D. 负载大小

（4）控制电路编号的起始数字是（　　）。

A. 1　　　　　　　　　　　　　　B. 101

C. 201　　　　　　　　　　　　　D. 301

（5）分析双重互锁与电气互锁的不同点，并简述双重互锁的优势。

【任务准备】

一、列元器件清单

序号	电气符号	名称	数量	规格
1	QF			
2	FU			
3	FR			
4	KM			
5	SB			
6	XT			
7	M			

二、绘制电器布置图

三、绘制电气安装接线图

【任务实施】

一、按规范安装与接线

视频3：S650 线号机的使用　　视频4：接线规范

具体的元件安装步骤可归纳为：选取元件→检查元件→阅读安装说明书→选配安装工具→横平竖直安装。

具体的接线步骤可归纳为：打线号→剪导线→剥导线→套号管→套端子→压端子→剪余线→插端子→紧螺丝→走线槽。

二、线路测试

	电路名称	动作指示	测试点1	测试点2	万用表测导通
不上电情况	主电路	无动作（常态）	U11	U	
			V11	V	
			W11	W	
		按 KM1 测试按钮	U11	U	
			V11	V	
			W11	W	
		按 KM2 测试按钮	U11	U	
			V11	V	
			W11	W	
	控制电路	常态	1	8	
		按 SB2	1	8	
		按 SB3	1	8	
		按 SB2&SB3	1	8	
		按 KM1 测试按钮	1	8	

续表

电路名称		动作指示	测试点1	测试点2	万用表测导通
不上电情况	控制电路	按KM2测试按钮	1	8	
		按KM1或KM2测试按钮	1	8	
		按SB1或SB2	1	8	
		按SB1或SB3	1	8	
上电后情况	主电路状况描述				
	控制电路状况描述				

【检查评估】

按评分标准实施互评和师评。

序号	考核内容	考核要求	评分标准	配分	得分
1	电器元件选择	掌握电器元件的选择方法	1. 接触器、熔断器、热继电器选择不对每项扣4分； 2. 空气开关、按钮、接线端子、导线选择不对每项扣2分	20	
2	元件安装	1. 按图纸的要求，正确使用工具和仪表，熟练地安装电气元器件； 2. 元件在配电板上布置要合理，安装要准确、紧固	1. 元件布置不整齐、不合理，每只扣2分； 2. 元件安装不牢固、安装元件时漏装螺钉，每只扣2分； 3. 损坏元件每只扣4分	10	
3	布线	1. 接线要求美观、紧固； 2. 电源和电动机配线、按钮接线要接到端子排上	1. 布线不美观，主电路、控制电路每根扣2分； 2. 接点松动、接头露铜过长、压绝缘层，标记线号不清楚、遗漏或误标，每处扣2分； 3. 损伤导线绝缘或线芯，每处扣2分	30	

续表

序号	考核内容	考核要求	评分标准	配分	得分
4	通电试验	在保证人身和设备安全的前提下，通电试验一次成功	1. 熔断器熔体额定电流、热继电器整定值错误每项扣 5 分； 2. 在考核时间内，1 次试车不成功扣 15 分，2 次试车不成功扣 30 分； 3. 主电路缺相扣 5 分，控制电路启停、自锁、互锁、正反转换接功能缺失每项扣 5 分	30	
5	5S 情况	现场、工量具及相关材料的整理与填写	1. 工量具摆放不整齐扣 5 分； 2. 工作台脏乱差扣 5 分； 3. 工位使用登记不填写扣 5 分	10	
6	安全文明生产	按国家颁布的安全生产或企业有关规定考核	本项为否定项，实行一票否决	是（　　） 否（　　）	
合计					

【拓展强化】

(1) 正反转控制电路在实际工作中最常用、最可靠的是（　　）。
A. 倒顺开关
B. 接触器联锁
C. 按钮联锁
D. 按钮、接触器双重联锁

心得收获

项目三　任务一
拓展强化答案

(2) 主电路在电源开关的出线端按相序依次编号为（　　）。
A. U12、V12、W12　　　　　　B. U21、V21、W21
C. U11、V11、W11　　　　　　D. U22、V22、W22

(3) 端子排 TD1510 一共有（　　）位。
A. 5　　　　　　　　　　　　B. 10
C. 15　　　　　　　　　　　　D. 20

(4) 对照电路图，若按下 SB2 按钮时电动机只能点动，说明电路故障及判断依据。

(5) 说明主电路缺相的故障现象,以及如何判断故障点及排除故障。

任务二 工作台自动往返控制电路的安装与调试

【任务描述】

熟悉行程开关、交流接触器、热继电器、熔断器、空气断路器、复合按钮等低压电器的选用;熟练操作剥线钳、压线钳、验电笔、万用表等常用电工工量具;完成正反转控制电路电气图识读与分析,线路安装、接线、检测、调试与排故。

【任务工单】

班级:	组别:	姓名:	日期:
工作任务	工作台自动往返控制电路的安装与调试		分数:

1	验电笔、剥线钳、压线钳、万用表、线号机等工量具的使用		
2	测试行程开关		
3	分析工作台自动往返控制电路的工作过程		
4	列元器件清单,准备元器件		
5	绘制电气元件布置图		
6	绘制电气安装接线图		
7	安装与接线		
8	线路检测、调试与排故		
9	工量具、元器件等现场5S管理		

【任务分析】

视频5：工作台自动往返控制电路

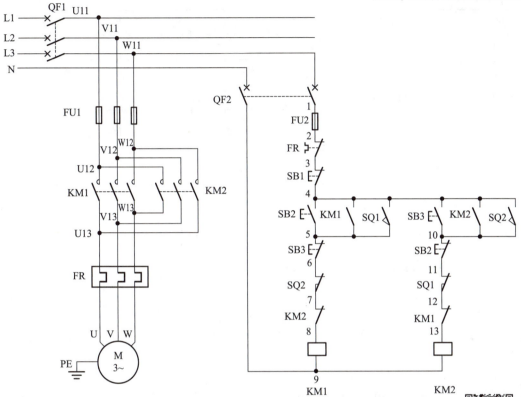

项目三 任务二
任务分析答案

（1）工作台自动往返控制电路是通过（　　）自动实现电动机的正反转切换运行的。

A. 速度继电器　　　　　　　　　　B. 行程开关
C. 按钮　　　　　　　　　　　　　D. 热继电器

（2）工厂车间的行车需要位置控制，行车两头的终点处各安装一个位置开关，两个位置开关要分别（　　）在电动机的正转和反转控制电路中。

A. 短接　　　　B. 混联　　　　C. 并联　　　　D. 串联

（3）控制电路中 SQ1 常开触点的作用是（　　）。

A. 使 KM1 线圈失电　　　　　　　B. 使 KM2 线圈失电
C. 保持 KM1 线圈得电　　　　　　D. 保持 KM2 线圈得电

（4）控制电路中 SB1 的作用是（　　）。

A. 停止　　　　B. 正转　　　　C. 切换　　　　D. 反转

（5）工作台自动往返控制电路中有哪些互锁？分别是什么？

【任务准备】

一、列元器件清单

序号	电气符号	名称	数量	规格
1	QF			
2	FU			
3	FR			
4	SQ			
5	KM			
6	SB			
7	XT			
8	M			

二、绘制电器布置图

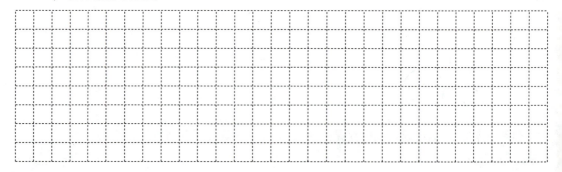

三、绘制电气安装接线图

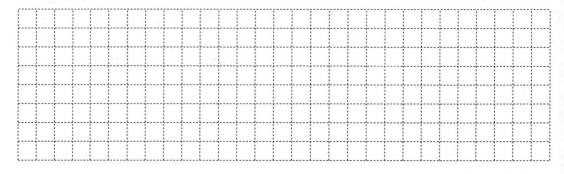

【任务实施】

一、按规范安装与接线

具体的元件安装步骤可归纳为：选取元件→检查元件→阅读安装说明书→选配安装工具→横平竖直安装。

具体的接线步骤可归纳为：打线号→剪导线→剥导线→套号管→套端子→压端子→剪余线→插端子→紧螺丝→走线槽。

二、线路测试

	电路名称	动作指示	测试点 1	测试点 2	万用表测导通
不上电情况	主电路	无动作（常态）	U11	U	
			V11	V	
			W11	W	
		按 KM1 测试按钮	U11	U	
			V11	V	
			W11	W	
		按 KM2 测试按钮	U11	U	
			V11	V	
			W11	W	
	控制电路	常态	1	9	
		按 SB2	1	9	
		按 SB3	1	9	
		按 SB2 或 SB3	1	9	
		按 KM1 测试按钮	1	9	
		按 KM2 测试按钮	1	9	
		按 KM1 或 KM2 测试按钮	1	9	
		按 SQ1	1	9	
		按 SQ2	1	9	
		按 SQ1 或 SQ2	1	9	
		按 SB1 或 SB2	1	9	
		按 SB1 或 SB3	1	9	
上电后情况	主电路状况描述				
	控制电路状况描述				

【检查评估】

按评分标准实施互评和师评。

序号	考核内容	考核要求	评分标准	配分	得分
1	电器元件选择	掌握电器元件的选择方法	1. 行程开关、接触器、熔断器、热继电器选择不对每项扣4分； 2. 空气开关、按钮、接线端子、导线选择不对每项扣2分	20	
2	元件安装	1. 按图纸的要求，正确使用工具和仪表，熟练地安装电气元器件； 2. 元件在配电板上布置要合理，安装要准确、紧固	1. 元件布置不整齐、不合理，每只扣2分； 2. 元件安装不牢固、安装元件时漏装螺钉，每只扣2分； 3. 损坏元件每只扣4分	10	
3	布线	1. 接线要求美观、紧固； 2. 电源和电动机配线、按钮接线要接到端子排上	1. 布线不美观，主电路、控制电路每根扣2分； 2. 接点松动、接头露铜过长，压绝缘层，标记线号不清楚、遗漏或误标，每处扣2分； 3. 损伤导线绝缘或线芯，每处扣2分	30	
4	通电试验	在保证人身和设备安全的前提下，通电试验一次成功	1. 熔断器熔体额定电流、热继电器整定值错误每项扣5分； 2. 在考核时间内，1次试车不成功扣15分，2次试车不成功扣30分； 3. 主电路缺相扣5分，控制电路启停、自锁、互锁、行程开关换接功能缺失每项扣5分	30	
5	5S情况	现场、工量具及相关材料的整理与填写	1. 工量具摆放不整齐扣5分； 2. 工作台脏乱差扣5分； 3. 工位使用登记不填写扣5分	10	
6	安全文明生产	按国家颁布的安全生产或企业有关规定考核	本项为否定项，实行一票否决	是（　） 否（　）	
合计					

【拓展强化】

一、拓展任务

在工作台自动往返控制电路的基础上，实现运动到终端位置自动停车的限位功能。

心得收获

二、习题强化

（1）行程开关常开常闭触点动作的次序是（　　）。
A. 常开常闭同时动作　　　　　　　　B. 常开先闭，常闭后断
C. 常闭先断，常开后闭　　　　　　　D. 无法确定

项目三　任务二
习题强化答案

（2）复合按钮常开常闭触点动作的次序是（　　）。
A. 常开常闭同时动作　　　　　　　　B. 常开先闭，常闭后断
C. 常闭先断，常开后闭　　　　　　　D. 无法确定

（3）接地线 PE 应该选用的颜色是（　　）。
A. 黄绿　　　　　B. 黄　　　　　C. 绿　　　　　D. 红

（4）对照电路图，若工作台运行到行程终端按下 SQ 操作头，电动机仍然沿原来方向，没有反向运转，分析电路故障及判断依据。

（5）当合上 QF1 和 QF2 后，电动机直接启动运行，根据故障现象分析故障原因并排除故障。

任务三　工作台自动往返控制的 PLC 装调

【任务描述】

根据工作台自动往返控制的电气图对控制电路进行改造，利用 PLC 进行设计并进行安

装与调试。

【任务工单】

班级：	组别：		姓名：	日期：
工作任务		工作台自动往返控制的 PLC 装调		分数：
\multicolumn{5}{c}{}				
1	任务分析			
2	列出元器件清单			
3	绘制完整的电气图			
4	绘制 I/O 分配表			
5	通电前检测			
6	编写 PLC 程序			

【任务分析】

（1）描述工作台自动往返控制的工作过程。

（2）利用 PLC 改造电气图应该注意什么？

（3）查阅资料，选择合适的 PLC，并描述选型依据。

项目三 三相异步电动机正反转控制线路的装调

【任务准备】

一、列元器件清单

序号	器件名称	数量	规格
1			
2			
3			
4			
5			
6			
7			
8			
9			

二、绘制工作自动往返控制的电气图,包括主电路及 PLC 外围接线图

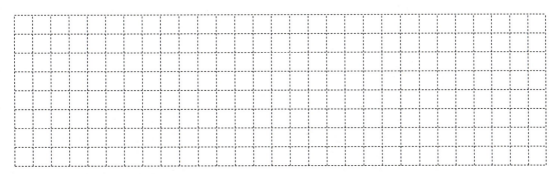

三、根据控制要求,绘制 I/O 分配表

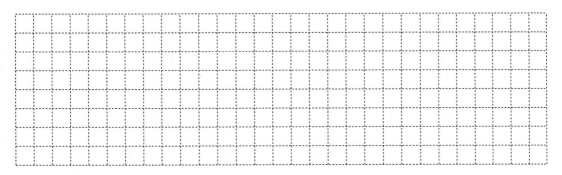

【任务实施】

一、通电前电路检测

序号		测试点 1	测试点 2	数据值
通电前		I0.0	L+	
		I0.1	L+	
		I0.2	L+	
		I0.3	L+	
		I0.4	L+	
		I0.5	L+	
		I0.6	L+	
		1M	M	
		Q0.0	FR	
		Q0.1	FR	
通电后		L+	M	

二、编写 PLC 程序

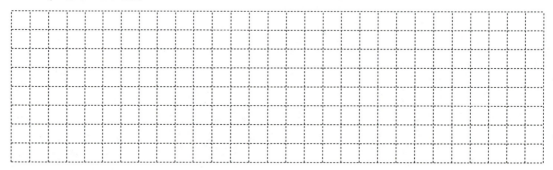

【检查评估】

序号	考核内容	考核要点	考核标准	扣分	得分
1	电路绘制	1. 根据任务，列出 PLC 控制 I/O 口元件地址分配表； 2. 根据控制要求，画出 PLC 控制 I/O 口接线图； 3. 设计梯形图	1. 分配表每错一处扣 10 分； 2. 接线图每错一处扣 10 分； 3. 梯形图每错一处扣 10 分	30	

续表

序号	考核内容	考核要点	考核标准	扣分	得分
2	安装与接线	按 PLC 控制 I/O 口接线图正确安装与接线	1. 元件布置不整齐、不匀称、不合理，每个扣 5 分； 2. 损坏元件扣 10 分； 3. 不按电气原理图接线扣 10 分	20	
4	程序输入及调试	（1）熟练编程方法，能正确地将所编程序输入 PLC； （2）按照被控设备的动作要求进行模拟调试，达到设计要求	1. 不会使用 PLC 扣 10 分； 2. 编程语句输入错一处扣 5 分； 3. 不会调试扣 10 分； 4. 调试步骤不对扣 5 分； 5. 启动后，电动机运转不正常扣 5 分	40	
5	工具、仪表使用	正确、合理地使用工具、仪表	1. 工具使用不当扣 5 分； 2. 仪表使用不正确每次扣 5 分； 3. 仪表使用不熟练每次扣 3 分	10	
6	安全文明生产	按国家颁布的安全生产或企业有关规定考核	本项为否定项，实行一票否决	是（　） 否（　）	
备注			合计	100	

项目三 任务三
拓展强化答案

心得收获

【拓展强化】

（1）工作台自动往返控制中的四个行程开关的作用是什么？

（2）如果设置中间单元，尽量减少 PLC 的输入信号和输出信号，则 PLC 程序应如何优化？

任务四　时间控制的电动机自动反转控制电路的安装与调试

【任务描述】

熟悉时间继电器、交流接触器、热继电器、熔断器、空气断路器、复合按钮等低压电器的选用；熟练操作剥线钳、压线钳、验电笔、万用表等常用电工工量具；完成自动反转控制电路电气图识读与分析，线路安装、接线、检测、调试与排故。

【任务工单】

班级：	组别：	姓名：	日期：
工作任务	时间控制的电动机自动反转控制电路的安装与调试		分数：

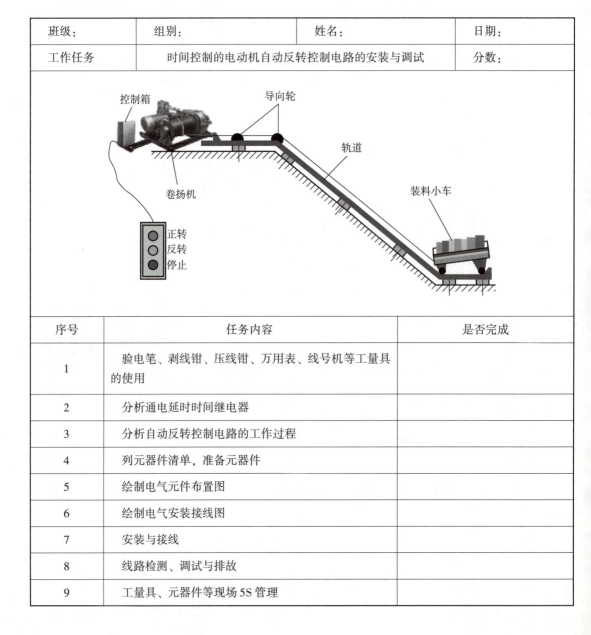

序号	任务内容	是否完成
1	验电笔、剥线钳、压线钳、万用表、线号机等工量具的使用	
2	分析通电延时时间继电器	
3	分析自动反转控制电路的工作过程	
4	列元器件清单，准备元器件	
5	绘制电气元件布置图	
6	绘制电气安装接线图	
7	安装与接线	
8	线路检测、调试与排故	
9	工量具、元器件等现场5S管理	

【任务分析】

视频 6：时间继电器

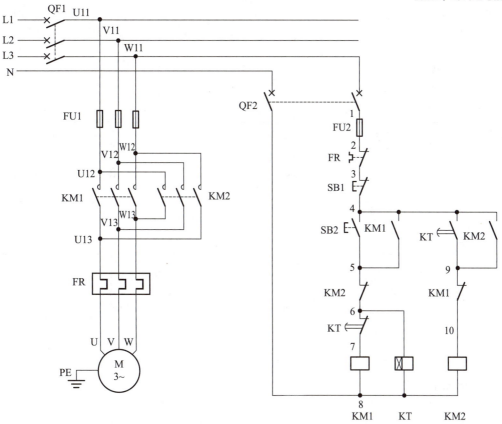

（1）晶体管式时间继电器与气囊式时间继电器相比，寿命长短、调节便利性及耐冲击性等三项性能（　　）。

A. 较差 B. 较良
C. 较优 D. 因使用场合不同而异

项目三　任务四
任务分析答案

（2）通电延时时间继电器的延时触点动作情况是（　　）。

A. 线圈通电时触点延时动作，断电时触点瞬时动作
B. 线圈通电时触点瞬时动作，断电时触点延时动作
C. 线圈通电时触点不动作，断电时触点瞬时动作
D. 线圈通电时触点不动作，断电时触点延时动作

（3）JSZ3 A-B 型时间继电器，13 和 14 触点能否接到同一个电路中实现延时？（　　）

A. 能 B. 不能
C. 不确定

（4）电路中 KT 计时的开始时刻是（　　）。

A. KM2 线圈得电 B. KM2 线圈失电
C. KT 线圈失电 D. KT 线圈得电

(5) 分析时间继电器控制电动机由正转到反转的工作过程。

【任务准备】

一、列元器件清单

序号	电气符号	名称	数量	规格
1	QF			
2	FU			
3	FR			
4	KT			
5	KM			
6	SB			
7	XT			
8	M			

二、绘制电器布置图

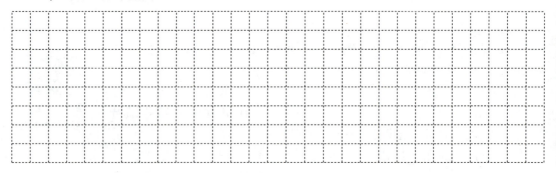

三、绘制电气安装接线图

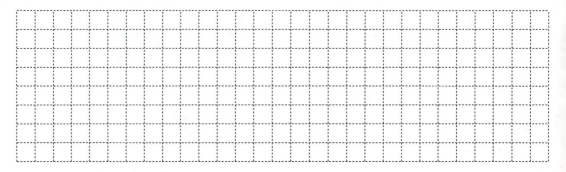

【任务实施】

一、按规范安装与接线

具体的元件安装步骤可归纳为：选取元件→检查元件→阅读安装说明书→选配安装工具→横平竖直安装。

具体的接线步骤可归纳为：打线号→剪导线→剥导线→套号管→套端子→压端子→剪余线→插端子→紧螺丝→走线槽。

二、线路测试

	电路名称	动作指示	测试点 1	测试点 2	万用表测导通
不上电情况	主电路	无动作（常态）	U11	U	
			V11	V	
			W11	W	
		按 KM1 测试按钮	U11	U	
			V11	V	
			W11	W	
		按 KM2 测试按钮	U11	U	
			V11	V	
			W11	W	
	控制电路	常态	1	8	
		按 SB2	1	8	
		按 KM1 测试按钮	1	8	
		按 KM2 测试按钮	1	8	
		按 KM1 或 KM2 测试按钮	1	8	
		按 SB1 或 SB2	1	8	
上电后情况	主电路状况描述				
	控制电路状况描述				

【检查评估】

按评分标准实施互评和师评。

序号	考核内容	考核要求	评分标准	配分	得分
1	电器元件选择	掌握电器元件的选择方法	1. 时间继电器、接触器、熔断器、热继电器选择不对每项扣 4 分； 2. 空气开关、按钮、接线端子、导线选择不对每项扣 2 分	20	
2	元件安装	1. 按图纸的要求，正确使用工具和仪表，熟练地安装电气元器件； 2. 元件在配电板上布置要合理，安装要准确、紧固	1. 元件布置不整齐、不合理，每只扣 2 分； 2. 元件安装不牢固、安装元件时漏装螺钉，每只扣 2 分； 3. 损坏元件每只扣 4 分	10	
3	布线	1. 接线要求美观、紧固； 2. 电源和电动机配线、按钮接线要接到端子排上	1. 布线不美观，主电路、控制电路每根扣 2 分； 2. 接点松动，接头露铜过长，压绝缘层，标记线号不清楚、遗漏或误标，每处扣 2 分； 3. 损伤导线绝缘或线芯，每处扣 2 分	30	
4	通电试验	在保证人身和设备安全的前提下，通电试验一次成功	1. 设定时间继电器、熔断器熔体额定电流、热继电器整定值错误每项扣 5 分； 2. 在考核时间内，1 次试车不成功扣 15 分，2 次试车不成功扣 30 分； 3. 主电路缺相扣 5 分，控制电路启停、自锁、互锁、时间继电器换接功能缺失每项扣 5 分	30	
5	5S 情况	现场、工量具及相关材料的整理与填写	1. 工量具摆放不整齐扣 5 分； 2. 工作台脏乱差扣 5 分； 3. 工位使用登记不填写扣 5 分	10	
6	安全文明生产	按国家颁布的安全生产或企业有关规定考核	本项为否定项，实行一票否决	是（　） 否（　）	
合计					

【拓展强化】

(1) 电路中 KM1 辅助常开触点的作用是（　　）。
A. 自锁　　　　　　　　　　　　B. 互锁
C. 联锁　　　　　　　　　　　　D. 不确定

(2) 电路中 KM2 辅助常闭触点的作用是（　　）。
A. 自锁　　　　　　　　　　　　B. 互锁
C. 连接　　　　　　　　　　　　D. 不确定

(3) 空气断路器不能实现的功能是（　　）。
A. 短路　　　　　　　　　　　　B. 过载
C. 失压　　　　　　　　　　　　D. 欠压

(4) 控制电路中 KM1、KM2、KT 线圈的额定工作电压是（　　）。
A. 110 V　　　　B. 190 V　　　　C. 220 V　　　　D. 380 V

(5) 若时间继电器不能实现正转到反转的切换，分析原因，并说明该如何改变电路。

项目四　三相异步电动机星三角启动控制线路的装调

任务一　按钮控制的电动机星三角启动电路的安装与调试

【任务描述】

熟悉交流接触器、热继电器、熔断器、空气断路器、复合按钮等低压电器的选用；熟练操作剥线钳、压线钳、验电笔、万用表等常用电工工量具；完成星三角控制电气图识读与分析，线路安装、接线、检测、调试与排故。

【任务工单】

班级：	组别：	姓名：	日期：
工作任务	按钮控制的电动机星三角启动电路的安装与调试		分数：

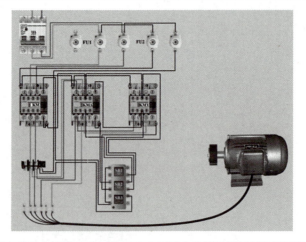

序号	任务内容	是否完成
1	验电笔、剥线钳、压线钳、万用表、线号机等工量具的使用	
2	分析星形和三角形接法	
3	分析按钮控制的电动机星三角启动电路的工作过程	

续表

序号	任务内容	是否完成
4	列元器件清单，准备元器件	
5	绘制电气元件布置图	
6	绘制电气安装接线图	
7	安装与接线	
8	线路检测、调试与排故	
9	工量具、元器件等现场 5S 管理	

【任务分析】

视频 7：按钮控制星三角降压启动

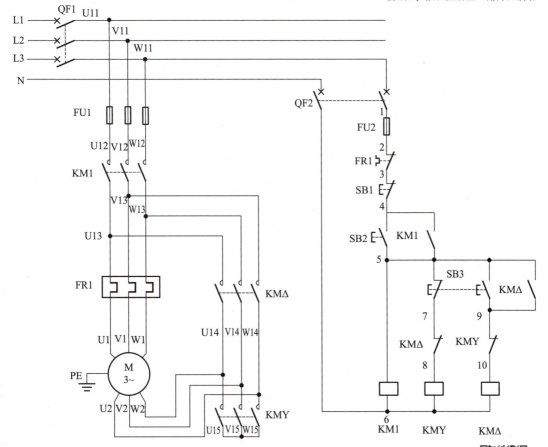

（1）三相对称负载作三角形连接时，相电流是 10 A，下面与线电流最接近的值是（　　）A。

A. 14　　　　　　　　　　　　B. 17
C. 7　　　　　　　　　　　　 D. 20

项目四　任务一
任务分析答案

(2)一台电动机绕组是星形连接,接到线电压为 380 V 的三相电源上,测得线电流是 10 A,则电动机每相绕组的阻抗值为(　　)Ω。

　　A. 38　　　　　　B. 22　　　　　　C. 66　　　　　　D. 11

(3)绕线式三相异步电动机,转子串电阻启动时(　　)。

　　A. 启动转矩增大,启动电流增大

　　B. 启动转矩减小,启动电流增大

　　C. 启动转矩增大,启动电流不变

　　D. 启动转矩增大,启动电流减小

(4)为了对一台电动机做功能检查,要将其接到测量工位上并且以正转工作。下面哪一个图示出了电动机接线板正确接到 400 V/3～的电源上?(　　)

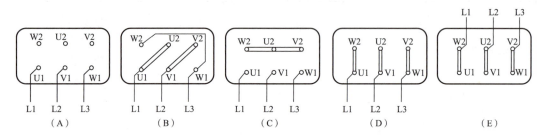

(5)因启动电流为额定电流的 5～7 倍,所以会出现"启动立刻跳闸"的故障,为什么星三角启动可以避免这种情况的发生?

【任务准备】

一、列元器件清单

序号	电气符号	名称	数量	规格
1	QF			
2	FU			
3	FR			
4	KM			
5	SB			
6	XT			
7	M			

二、绘制电器布置图

三、绘制电气安装接线图

【任务实施】

一、按规范安装与接线

具体的元件安装步骤可归纳为：选取元件→检查元件→阅读安装说明书→选配安装工具→横平竖直安装。

具体的接线步骤可归纳为：打线号→剪导线→剥导线→套号管→套端子→压端子→剪余线→插端子→紧螺丝→走线槽。

二、线路测试

电路名称		动作指示	测试点1	测试点2	万用表测导通
不上电情况	主电路	无动作（常态）	U11	U1	
			V11	V1	
			W11	W1	
		按KM1测试按钮	U11	U1	
			V11	V1	
			W11	W1	

续表

	电路名称	动作指示	测试点 1	测试点 2	万用表测导通
不上电情况	主电路	按 KMY 测试按钮	W2	U2	
			U2	V2	
		按 KM△ 测试按钮	U1	W2	
			V1	U2	
			W1	V2	
	控制电路	常态	1	6	
		按 SB2	1	6	
		按 KM1 测试按钮	1	6	
		按 SB1 或 SB2	1	6	
上电后情况	主电路状况描述				
	控制电路状况描述				

【检查评估】

按评分标准实施互评和师评。

序号	考核内容	考核要求	评分标准	配分	得分
1	电器元件选择	掌握电器元件的选择方法	1. 接触器、熔断器、热继电器选择不对每项扣 4 分； 2. 空气开关、按钮、接线端子、导线选择不对每项扣 2 分	20	
2	元件安装	1. 按图纸的要求，正确使用工具和仪表，熟练地安装电气元器件； 2. 元件在配电板上布置要合理，安装要准确、紧固	1. 元件布置不整齐、不合理，每只扣 2 分； 2. 元件安装不牢固、安装元件时漏装螺钉，每只扣 2 分； 3. 损坏元件每只扣 4 分	10	

续表

序号	考核内容	考核要求	评分标准	配分	得分
3	布线	1. 接线要求美观、紧固； 2. 电源和电动机配线、按钮接线要接到端子排上	1. 布线不美观，主电路、控制电路每根扣2分； 2. 接点松动，接头露铜过长，压绝缘层，标记线号不清楚、遗漏或误标，每处扣2分； 3. 损伤导线绝缘或线芯，每处扣2分	30	
4	通电试验	在保证人身和设备安全的前提下，通电试验一次成功	1. 熔断器熔体额定电流、热继电器整定值错误每项扣5分； 2. 在考核时间内，1次试车不成功扣15分，2次试车不成功扣30分； 3. 主电路缺相扣5分，控制电路启停、自锁、互锁、星三角换接功能缺失每项扣5分	30	
5	5S情况	现场、工量具及相关材料的整理与填写	1. 工量具摆放不整齐扣5分； 2. 工作台脏乱差扣5分； 3. 工位使用登记不填写扣5分	10	
6	安全文明生产	按国家颁布的安全生产或企业有关规定考核	本项为否定项，实行一票否决	是（　） 否（　）	
合计					

【拓展强化】

(1) 电气原理图中 KMY 和 KM△ 辅助常闭触点的作用是（　　）。

A. 互锁 B. 自锁
C. 连接 D. 不确定

(2) 当按下 SB2 时，控制电路中哪些线圈得电？（　　）。

A. KMY、KM△ B. KM1、KM△
C. KM1、KMY

(3) 电动机三相绕组接线需占用端子排（　　）位。

A. 5 B. 6
C. 7 D. 8

(4) 当按下 SB3 时，由星形切换到三角形，松开 SB3 后电动机立即停止，原因是（　　）。

A. KMY 辅助常闭触点未接 B. KM△ 辅助常闭触点未接
C. KM1 辅助常开触点未接 D. KM△ 辅助常开触点未接

心得收获

项目四　任务一
拓展强化答案

(5) 对照电路图，星形转变到三角形后，电源相序是否改变？

任务二　时间控制的电动机星三角启动电路的安装与调试

【任务描述】

熟悉时间继电器、交流接触器、热继电器、熔断器、空气断路器、复合按钮等低压电器的选用；熟练操作剥线钳、压线钳、验电笔、万用表等常用电工工量具；完成星三角控制电气图设计与分析，线路安装、接线、检测、调试与排故。

【任务工单】

班级：		组别：	姓名：	日期：
工作任务		时间控制的电动机星三角启动电路的安装与调试		分数：

序号	任务内容	是否完成
1	验电笔、剥线钳、压线钳、万用表、线号机等工量具的使用	
2	分析通电延时时间继电器	
3	将按钮控制的星三角启动电路改造成时间控制的星三角启动电路	
4	列元器件清单，准备元器件	
5	绘制电气元件布置图	

续表

序号	任务内容	是否完成
6	绘制电气安装接线图	
7	改造安装与接线	
8	线路检测、调试与排故	
9	工量具、元器件等现场 5S 管理	

项目四 任务二 任务分析答案

【任务分析】

（1）采用降压启动的最主要目的是（　　）。
A. 减小启动转矩　　　　　　　　B. 减小启动电流
C. 减小启动电压　　　　　　　　D. 减小启动转速

（2）三相对称负载接成三角形时，若线电流为 1A，则三相线电流的矢量和为（　　）A。
A. 3　　　　　　　　　　　　　B. 1
C. 2　　　　　　　　　　　　　D. 0

（3）在三相四线制中性点接地供电系统中，线电压是指（　　）的电压。
A. 相线之间　　　　　　　　　　B. 中性线对地之间
C. 相线对零线之间　　　　　　　D. 相线对地之间

（4）采用星三角启动时，星形每相绕组承受的电压是三角形接法时的（　　）倍。
A. 2　　　　　　　　　　　　　B. 3
C. $1/\sqrt{3}$　　　　　　　　　　D. 1/3

（5）下面图示的电路中相线电流 I_1（单位：A）多大？（　　）
A. $I_1 = 9.1$ A
B. $I_1 = 16.5$ A
C. $I_1 = 27.3$ A
D. $I_1 = 28.6$ A
E. $I_1 = 85.8$ A

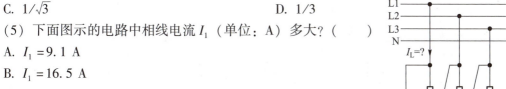

【任务准备】

一、设计电气原理图

视频 8：时间继电器控制星三角降压启动

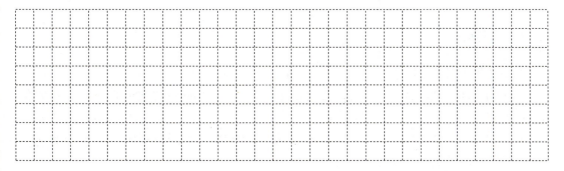

二、列元器件清单

序号	电气符号	名称	数量	规格
1	QF			
2	FU			
3	FR			
4	KT			
5	KM			
6	SB			
7	XT			
8	M			

三、绘制电器布置图

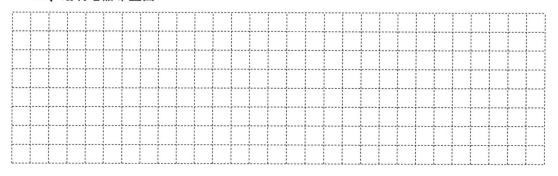

四、绘制电气安装接线图

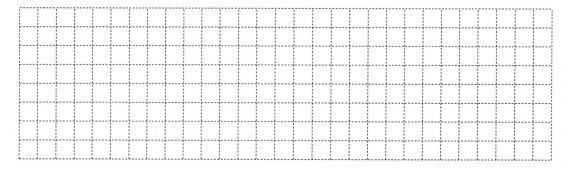

【任务实施】

一、按规范安装与接线

具体的元件安装步骤可归纳为：选取元件→检查元件→阅读安装说明书→选配安装工具→横平竖直安装。

具体的接线步骤可归纳为：打线号→剪导线→剥导线→套号管→套端子→压端子→剪余线→插端子→紧螺丝→走线槽。

二、线路测试

	电路名称	动作指示	测试点1	测试点2	万用表测导通
不上电情况	主电路	无动作（常态）	U11	U1	
			V11	V1	
			W11	W1	
		按KM1测试按钮	U11	U1	
			V11	V1	
			W11	W1	
		按KMY测试按钮	W2	U2	
			U2	V2	
		按KM△测试按钮	U1	W2	
			V1	U2	
			W1	V2	
	控制电路	常态	1	6	
		按SB2	1	6	
		按KM1测试按钮	1	6	
		按SB1或SB2	1	6	
上电后情况	主电路状况描述				
	控制电路状况描述				

【检查评估】

按评分标准实施互评和师评。

序号	考核内容	考核要求	评分标准	配分	得分
1	电器元件选择	掌握电器元件的选择方法	1. 时间继电器、接触器、熔断器、热继电器选择不对每项扣4分； 2. 空气开关、按钮、接线端子、导线选择不对每项扣2分	20	

续表

序号	考核内容	考核要求	评分标准	配分	得分
2	元件安装	1. 按图纸的要求，正确使用工具和仪表，熟练地安装电气元器件； 2. 元件在配电板上布置要合理，安装要准确、紧固	1. 元件布置不整齐、不合理，每只扣2分； 2. 元件安装不牢固、安装元件时漏装螺钉，每只扣2分； 3. 损坏元件每只扣4分	10	
3	布线	1. 接线要求美观、紧固； 2. 电源和电动机配线、按钮接线要接到端子排上	1. 布线不美观，主电路、控制电路每根扣2分； 2. 接点松动，接头露铜过长，压绝缘层，标记线号不清楚、遗漏或误标，每处扣2分； 3. 损伤导线绝缘或线芯，每处扣2分	30	
4	通电试验	在保证人身和设备安全的前提下，通电试验一次成功	1. 设定时间继电器、熔断器熔体额定电流、热继电器整定值错误每项扣5分； 2. 在考核时间内，1次试车不成功扣15分，2次试车不成功扣30分； 3. 主电路缺相扣5分，控制电路启停、自锁、互锁、时间继电器换接功能缺失每项扣5分	30	
5	5S情况	现场、工量具及相关材料的整理与填写	1. 工量具摆放不整齐扣5分； 2. 工作台脏乱差扣5分； 3. 工位使用登记不填写扣5分	10	
6	安全文明生产	按国家颁布的安全生产或企业有关规定考核	本项为否定项，实行一票否决	是（　） 否（　）	
		合计			

【拓展强化】

（1）三相负载不管是星形还是三角形连接，相电流是指（　　）上经过的电流。

A. 相线　　　　　　　　　　B. 绕组

C. 零线　　　　　　　　　　D. 中线

（2）三相对称负载接成星形时，若线电流为3 A，则相电流为（　　）A。

A. 1　　　　　　　　　　　B. 2

C. 3　　　　　　　　　　　D. 4

心得收获

项目四　任务二
拓展强化答案

(3) 控制电路中 KT 常闭触点和常开触点的动作次序是（　　）。
A. 常闭先断，常开后闭　　　　　　　B. 常开先闭，常闭后断
C. 常开常闭同时动作　　　　　　　　D. 不确定

(4) 分析时间继电器控制电动机星三角启动的工作过程。

(5) 若按下 SB2 后，KM1 和 KMY 主触点吸合，电动机运转，但松开 SB2 后，电动机停止，分析故障原因，并说明该如何排除。

任务三　PLC 控制电动机星三角启动线路的装调

【任务描述】

用定时器指令改造时间控制的电动机星三角启动电路并完成线路安装、接线、检测、调试与排故。

【任务工单】

班级：	组别：	姓名：	日期：
工作任务	PLC 控制电动机星三角启动线路的装调		分数：

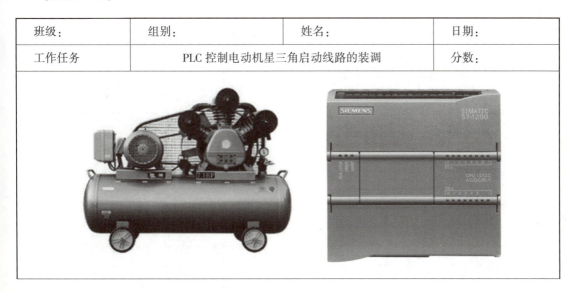

续表

序号	任务内容	是否完成
1	分析 S7-1200 中定时器指令的应用	
2	根据电路的控制要求列 I/O 分配表	
3	绘制 PLC 外围接线图	
4	电路改造、安装与接线	
5	线路检测与排故	
6	编程调试	
7	工量具、元器件等现场 5S 管理	

【任务分析】

(1) 说明定时器指令 TON 的具体名称及其含义。

项目四 任务三 任务分析答案

(2) 说明 TON 和 TOF 的区别。

(3) 根据控制要求，说明输入信号和输出信号分别是什么。

【任务准备】

一、列出 PLC 的 I/O 分配表

二、绘制 PLC 的外围接线图

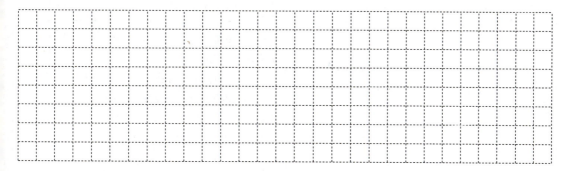

【任务实施】

一、电路改造、安装与接线

(1) 主电路,与时间控制的电动机星三角启动电路相同,保持不变。
(2) 控制电路,根据 PLC 的外围接线图实施安装与接线,符合接线规范。

二、线路检测与排故

(1) 主电路未改动,检测可忽略。
(2) 控制电路,依据 PLC 外围接线图,分别对输入回路和输出回路作检测。若发现断路、短路等故障,则逐一排除。

三、编程调试

根据控制要求及 I/O 分配表编写 PLC 梯形图,运行调试。

【检查评估】

按评分标准实施互评和师评。

序号	考核内容	考核要点	考核标准	配分	得分
1	电路绘制	1. 根据任务,列出 PLC 控制 I/O 地址分配表; 2. 根据控制要求,画出 PLC 控制外围接线图; 3. 设计梯形图	1. 分配表每错一处扣 10 分; 2. 接线图每错一处扣 10 分; 3. 梯形图每错一处扣 10 分	30	

续表

序号	考核内容	考核要点	考核标准	配分	得分
2	安装与接线	按 PLC 控制外围接线图正确安装与接线	1. 元件布置不整齐、不匀称、不合理，每个扣 5 分； 2. 损坏元件扣 10 分； 3. 不按电气原理图接线，扣 10 分	20	
4	程序输入及调试	1. 熟悉编程方法，能正确地将所编程序输入 PLC； 2. 按照被控设备的动作要求进行模拟调试，达到设计要求	1. 不会使用 PLC 扣 10 分； 2. 梯形图程序错一处扣 5 分； 3. 不会调试扣 10 分； 4. 调试步骤不对扣 5 分； 5. 启动后，电动机运转不正常扣 5 分	40	
5	5S 情况	现场、工量具及相关材料的整理与填写	1. 工量具摆放不整齐扣 5 分； 2. 工作台脏乱差扣 5 分； 3. 工位使用登记不填写扣 5 分	10	
6	安全文明生产	按国家颁布的安全生产或企业有关规定考核	本项为否定项，实行一票否决	是（　　） 否（　　）	
合计					

【拓展强化】

(1) 定时器 TON 的定时时间计算公式是（　　）。

A. 预设值　　　　　　　　　　B. 预设值/分辨率

C. 预设值 × 分辨率　　　　　　D. 分辨率

(2) PLC 上电调试时，按下启动按钮后对应的输入端口指示灯不亮，另一输入端口指示灯亮，故障原因是（　　）。

A. 启动按钮连接端口与分配表地址不符

B. 启动按钮未连接

C. 启动按钮输入回路断路

D. 启动按钮输入回路接触不良

(3) 定时器 TON 和 TONR 有何不同？

项目四　任务三
拓展强化答案

(4) 对照 PLC 梯形图，说明电路的工作过程。

项目五　三台泵电气控制线路的安装与调试

任务一　电动机两地控制线路的安装与调试

【任务描述】

熟悉交流接触器、热继电器、熔断器、空气断路器、复合按钮等低压电器的选用；熟练操作剥线钳、压线钳、验电笔、万用表等常用电工工量具；完成多地控制电路电气图识读与分析，线路安装、接线、检测、调试与排故。

【任务工单】

班级：	组别：	姓名：	日期：
工作任务	电动机两地控制线路的安装与调试		分数：

序号	任务内容	是否完成
1	验电笔、剥线钳、压线钳、万用表、线号机等工量具的使用	
2	分析多地启动、多地停止电路	
3	设计电动机两地启动和停止的控制电路	

续表

序号	任务内容	是否完成
4	列元器件清单，准备元器件	
5	绘制电气元件布置图	
6	绘制电气安装接线图	
7	安装与接线	
8	线路检测、调试与排故	
9	工量具、元器件等现场 5S 管理	

【任务分析】

（1）多地控制，需把各地的启动按钮（　　）。
A. 并联　　　　　　　　　　　B. 串联
C. 混联　　　　　　　　　　　D. 短接

（2）多地控制，需把各地的停止按钮（　　）。
A. 并联　　　　　　　　　　　B. 串联
C. 混联　　　　　　　　　　　D. 短接

（3）多地控制中，某一地启动按钮失效，是否会影响其他地方的启动功能（　　）。
A. 会　　　　　　　　　　　　B. 不会
C. 不一定

（4）多地控制中，启动按钮和接触器辅助常开触点（　　）。
A. 并联　　　　　　　　　　　B. 串联
C. 混联　　　　　　　　　　　D. 短接

（5）多地控制中，某一地停止按钮被短路，是否会影响其他地方的停止功能（　　）。
A. 会　　　　　　　　　　　　B. 不一定
C. 不会

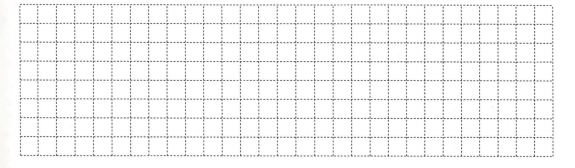

项目五　任务一
任务分析答案

【任务准备】

一、绘制电气原理图

二、列元器件清单

序号	电气符号	名称	数量	规格
1	QF			
2	FU			
3	FR			
4	KM			
5	SB			
6	XT			
7	M			

三、绘制电器布置图

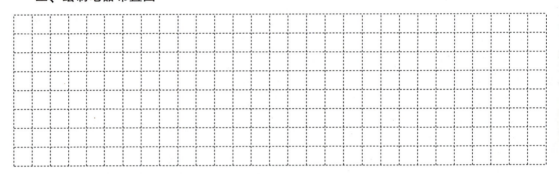

四、绘制电气安装接线图

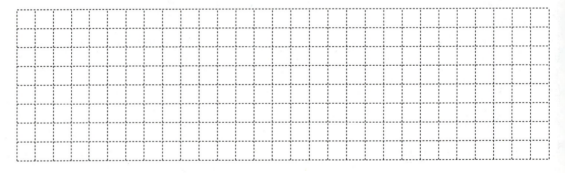

【任务实施】

一、按规范安装与接线

具体的元件安装步骤可归纳为：选取元件→检查元件→阅读安装说明书→选配安装工具→横平竖直安装。

具体的接线步骤可归纳为：打线号→剪导线→剥导线→套号管→套端子→压端子→剪余线→插端子→紧螺丝→走线槽。

二、线路测试

	电路名称	动作指示	测试点 1	测试点 2	万用表测导通
不上电情况	主电路	常态			
		工作态			
	控制电路	常态			
上电后情况	主电路状况描述				
	控制电路状况描述				

【检查评估】

按评分标准实施互评和师评。

序号	考核内容	考核要求	评分标准	配分	得分
1	电器元件选择	掌握电器元件的选择方法	1. 接触器、熔断器、热继电器选择不对每项扣 4 分； 2. 空气开关、按钮、接线端子、导线选择不对每项扣 2 分	20	
2	元件安装	1. 按图纸的要求，正确使用工具和仪表，熟练地安装电气元器件； 2. 元件在配电板上布置要合理，安装要准确、紧固	1. 元件布置不整齐、不合理，每只扣 2 分； 2. 元件安装不牢固、安装元件时漏装螺钉，每只扣 2 分； 3. 损坏元件每只扣 4 分	10	

续表

序号	考核内容	考核要求	评分标准	配分	得分
3	布线	1. 接线要求美观、紧固；2. 电源和电动机配线、按钮接线要接到端子排上	1. 布线不美观，主电路、控制电路每根扣 2 分；2. 接点松动，接头露铜过长，压绝缘层，标记线号不清楚、遗漏或误标，每处扣 2 分；3. 损伤导线绝缘或线芯，每处扣 2 分	30	
4	通电试验	在保证人身和设备安全的前提下，通电试验一次成功	1. 熔断器熔体额定电流、热继电器整定值错误每项扣 5 分；2. 在考核时间内，1 次试车不成功扣 15 分，2 次试车不成功扣 30 分；3. 主电路缺相扣 5 分，控制电路启动、停止、自锁缺失每项扣 5 分	30	
5	5S 情况	现场、工量具及相关材料的整理与填写	1. 工量具摆放不整齐扣 5 分；2. 工作台脏乱差扣 5 分；3. 工位使用登记不填写扣 5 分	10	
6	安全文明生产	按国家颁布的安全生产或企业有关规定考核	本项为否定项，实行一票否决	是（ ）否（ ）	
合计					

【拓展强化】

（1）按照国标，主电路中导线的颜色是（　　）。
A. 黄绿蓝　　　　　　　　　　　B. 红黄蓝
C. 黄绿红　　　　　　　　　　　D. 红绿蓝

（2）导线走线槽时，上面进入器件的导线必须走器件（　　）的线槽。
A. 左面　　　　　　　　　　　　B. 右面
C. 下面　　　　　　　　　　　　D. 上面

（3）同一接点处的导线不能超过（　　）根。
A. 1　　　　B. 2　　　　C. 3　　　　D. 4

（4）描述电动机两地控制电路的工作过程。

项目五　任务一
拓展强化答案

（5）实际中为了操作安全，有时需要让操作者的双手固定在安全区域才允许启动设备。设计一个双手同时按启动按钮时电动机才可以启动的控制电路图（不需要画主电路）。

任务二　电动机顺序启动、逆序停止控制电路的安装与调试

【任务描述】

熟悉交流接触器、热继电器、熔断器、空气断路器、复合按钮等低压电器的选用；熟练操作剥线钳、压线钳、验电笔、万用表等常用电工工量具；完成顺启逆停控制电气图识读与分析、线路安装、接线、检测、调试与排故。

【任务工单】

班级：		组别：		姓名：		日期：	
工作任务		电动机顺序启动、逆序停止控制电路的安装与调试				分数：	

序号	任务内容	是否完成
1	验电笔、剥线钳、压线钳、万用表、线号机等工量具的使用	
2	分析顺序启动和逆序停止的实现原理	
3	分析顺序启动、逆序停止控制电路的工作过程	
4	列元器件清单，准备元器件	

续表

序号	任务内容	是否完成
5	绘制电气元件布置图	
6	绘制电气安装接线图	
7	安装与接线	
8	线路检测、调试与排故	
9	工量具、元器件等现场5S管理	

【任务分析】

(1) 有关电路的哪种说法是正确的？（   ）

A. K2 可以在没有先决条件的情况下接通

B. 使用 S2 将接通 K1 并且同时接通 K2

C. 尽管接通 K2，但在按动 S2 之后 K1 仍能自保

D. K2 可以使用 S1 关断

E. 只有在已经接通 K1 之后，才能接通 K2

项目五　任务二 任务分析答案

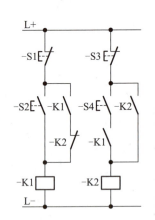

(2) 两台电动机 M1、M2 按序号从小到大顺序启动逆序停止，则启停顺序是（   ）。

A. M1 先启、M2 后启，M2 先停、M1 后停

B. M1 先启、M2 后启，M1 先停、M2 后停

C. M2 先启、M1 后启，M2 先停、M1 后停

D. M2 先启、M1 后启，M2 先停、M1 后停

(3) 将接触器 KM2 的常开辅助触点并联到停止按钮 SB1 两端的控制电路能够实现（   ）。

A. KM2 控制的电动机 M2 与 KM1 控制的电动机 M1 一定同时启动

B. KM2 控制的电动机 M2 与 KM1 控制的电动机 M1 一定同时停止

C. KM2 控制的电动机 M2 停止后，按下 SB1 才能控制对应的电动机 M1 停止

D. KM2 控制的电动机 M2 启动后，按下 SB1 才能控制对应的电动机 M1 停止

(4) 以下属于多台电动机顺序控制的线路是（   ）。

A. 一台电动机正转时不能立即反转的控制线路

B. Y - △启动控制电路

C. 电梯先上升后下降的控制电路

D. 电动机 2 可以单独停止，电动机 1 停止时电动机 2 必须停止的控制电路

(5) 同一电器的各元件在电路图和接线图中使用的图形符号、文字符号要（   ）。

A. 基本相同

B. 不同

C. 完全相同

D. 部分相同

【任务准备】

一、绘制电气原理图

视频9：电动机顺序启动、逆序停止控制

二、列元器件清单

序号	电气符号	名称	数量	规格
1	QF			
2	FU			
3	FR			
4	KM			
5	SB			
6	XT			
7	M			

三、绘制电器布置图

四、绘制电气安装接线图

【任务实施】

一、按规范安装与接线

具体的元件安装步骤可归纳为：选取元件→检查元件→阅读安装说明书→选配安装工具→横平竖直安装。

具体的接线步骤可归纳为：打线号→剪导线→剥导线→套号管→套端子→压端子→剪余线→插端子→紧螺丝→走线槽。

二、线路测试

	电路名称	动作指示	测试点 1	测试点 2	万用表测导通
不上电情况	主电路	无动作 （常态）			
	控制电路	常态			
上电后情况	主电路状况描述				
	控制电路状况描述				

【检查评估】

按评分标准实施互评和师评。

序号	考核内容	考核要求	评分标准	配分	得分
1	电器元件选择	掌握电器元件的选择方法	1. 接触器、熔断器、热继电器选择不对每项扣4分； 2. 空气开关、按钮、接线端子、导线选择不对每项扣2分	20	
2	元件安装	1. 按图纸的要求，正确使用工具和仪表，熟练地安装电气元器件； 2. 元件在配电板上布置要合理，安装要准确、紧固	1. 元件布置不整齐、不合理，每只扣2分； 2. 元件安装不牢固、安装元件时漏装螺钉，每只扣2分； 3. 损坏元件每只扣4分	10	
3	布线	1. 接线要求美观、紧固； 2. 电源和电动机配线、按钮接线要接到端子排上	1. 布线不美观，主电路、控制电路每根扣2分； 2. 接点松动，接头露铜过长，压绝缘层，标记线号不清楚、遗漏或误标，每处扣2分； 3. 损伤导线绝缘或线芯，每处扣2分	30	
4	通电试验	在保证人身和设备安全的前提下，通电试验一次成功	1. 熔断器熔体额定电流、热继电器整定值错误每项扣5分； 2. 在考核时间内，1次试车不成功扣15分，2次试车不成功扣30分； 3. 主电路缺相扣5分，顺序启动、逆序停止功能缺失每项扣5分	30	
5	5S情况	现场、工量具及相关材料的整理与填写	1. 工量具摆放不整齐扣5分； 2. 工作台脏乱差扣5分； 3. 工位使用登记不填写扣5分	10	
6	安全文明生产	按国家颁布的安全生产或企业有关规定考核	本项为否定项，实行一票否决	是（ ） 否（ ）	
合计					

【拓展强化】

一、拓展任务

绘制时间继电器控制的电动机顺序启动、逆序停止电路。

心得收获

二、习题强化

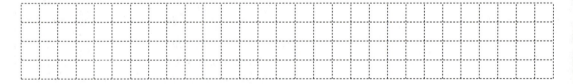

项目五　任务二
习题强化答案

（1）电工的工具种类很多，应（　　）。

A. 保管好贵重的工具就行了

B. 价格低的工具可以多买一些，丢了也不可惜

C. 分类保管好

D. 工作中，能拿到什么工具就用什么工具

（2）下面五个选项哪一个反映的只是物理技术量而非单位？（　　）

A. 电压—电流强度—瓦特—功率—频率

B. 电流强度—安培—能量—功率—电压

C. 功率—频率—电—赫兹—电流强度

D. 电负荷—电压—电流强度—能量—功率

E. 频率—电—伏特—电能—功率

（3）对照电路图，主电路中两台电动机的电源相序（　　）。

A. 相反

B. 相同

C. 不确定

D. 半周期同，半周期不同

（4）控制电路中 KM1、KM2 辅助常开触点各使用两次，相同符号的是一对触点还是两对触点？

（5）什么是电弧？它有哪些危害？

任务三　PLC 控制三台泵电机顺序运行的装调

【任务描述】

熟悉 PLC 顺序功能图画法，用"启保停"法将顺序功能图转换为梯形图，完成线路的安装、接线、检测、调试与排故。

【任务工单】

班级：	组别：	姓名：	日期：
工作任务	PLC 控制三台泵电动机顺序运行的装调		分数：

序号	任务内容	是否完成
1	分析 PLC 顺序功能图的画法	
2	根据电路的控制要求列 I/O 分配表	
3	绘制 PLC 外围接线图	
4	绘制顺序功能图	
5	电路安装与接线	
6	线路检测与排故	
7	用"启保停"法将顺序功能图转换为梯形图并上电调试	
8	工量具、元器件等现场 5S 管理	

【任务分析】

（1）顺序功能图中的初始步是否可以省略？（　　　）
A. 可以　　　　　　B. 不可以　　　　　　C. 不确定

项目五　任务三
任务分析答案

(2) 三台泵电动机逆序停止功能需要用到的定时器是（　　）
A. 通电延时　　　　　　　　　　B. 保持型通电延时
C. 不确定　　　　　　　　　　　D. 断电延时
(3) 如何理解顺序功能图中的转换和转换条件？

【任务准备】

一、列出 PLC 的 I/O 分配表

二、绘制 PLC 的外围接线图

三、绘制顺序功能图

【任务实施】

一、电路安装与接线

(1) 主电路，与继电控制的三台泵电动机控制电路相同。

（2）控制电路，根据 PLC 的外围接线图实施安装与接线，符合接线规范。

二、线路检测与排故

（1）主电路以每相为单位检测首尾连接点。

（2）控制电路，依据 PLC 外围接线图，分别对输入回路和输出回路作检测。若发现断路、短路等故障，逐一排除。

三、编程调试

根据顺序功能图编写 PLC 梯形图，运行调试。

【检查评估】

按评分标准实施互评和师评。

序号	考核内容	考核要点	考核标准	配分	得分
1	电路绘制	1. 根据任务，列出 PLC 控制 I/O 地址分配表； 2. 根据控制要求，画出 PLC 控制外围接线图； 3. 绘制顺序功能图； 4. 设计梯形图	1. 分配表每错一处扣 10 分； 2. 接线图每错一处扣 10 分； 3. 顺序功能图每错一处扣 10 分； 4. 梯形图每错一处扣 10 分	30	
2	安装与接线	按 PLC 控制外围接线图正确安装与接线	1. 元件布置不整齐、不匀称、不合理，每个扣 5 分； 2. 损坏元件扣 10 分； 3. 不按电气原理图接线，扣 10 分	20	
4	程序输入及调试	1. 熟悉编程方法，能正确地将所编程序输入 PLC； 2. 按照被控设备的动作要求进行模拟调试，达到设计要求	1. 不会使用 PLC 扣 10 分； 2. 梯形图程序错一处扣 5 分； 3. 不会调试扣 10 分； 4. 调试步骤不对扣 5 分； 5. 启动后，电动机运转不正常扣 5 分	40	
5	5S 情况	现场、工量具及相关材料的整理与填写	1. 工量具摆放不整齐扣 5 分； 2. 工作台脏乱差扣 5 分； 3. 工位使用登记不填写扣 5 分	10	

续表

序号	考核内容	考核要点	考核标准	配分	得分
6	安全文明生产	按国家颁布的安全生产或企业有关规定考核	本项为否定项，实行一票否决	是（　　） 否（　　）	
合计					

【拓展强化】

心得收获

(1) 顺序功能图中步的划分依据是（　　）。

A. 输入量的状态

B. 输出量的状态

C. 输入量或输出量的状态

(2) 单序列顺序功能图每步的后面有（　　）个转换。

A. 1　　B. 2

C. 3　　D. 4

项目五　任务三
拓展强化答案

(3) 说明“启保停”法中“启”“保”“停”分别由什么来实现？

(4) 对照 PLC 梯形图，说明电路的工作过程。

项目六　三相异步电动机能耗制动控制线路的装调

【任务描述】

分析桥式起重机小车能耗制动控制过程,选择合适的电气元器件,对桥式起重机小车的电动机的能耗制动电路进行安装与调试,并做好记录。

【任务工单】

班级:	组别:	姓名:	日期:
工作任务	桥式起重机小车能耗制动电路的装调		分数:

序号	任务内容	是否完成
1	计算全波整流电路的物理量	
2	分析三相异步电动机能耗制动控制的工作过程	
3	列元器件清单,准备元器件	
4	绘制电气元件布置图	
5	绘制电气安装接线图	
6	安装与接线	
7	线路检测、调试与排故	
8	工量具、元器件等现场 5S 管理	

【任务分析】

（1）能耗制动的原理是什么？

（2）变压器的工作原理是什么？

（3）描述电动机的工作过程。

【任务准备】

一、列元器件清单

序号	电气符号	名称	数量	规格
1	QF			
2	FU			
3	FR			
4	KM			
5	KT			
6	SB			
7	TC			
8	VD			
9	R			
10	M			

二、绘制元件布置图

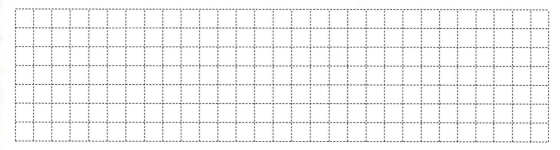

三、绘制电气安装接线图

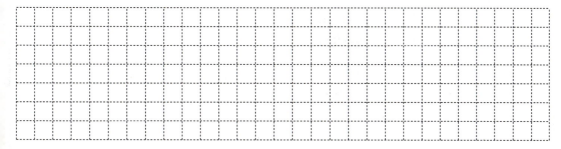

【任务实施】

一、按规范安装与接线

具体的元件安装步骤可归纳为：选取元件→检查元件→阅读安装说明书→选配安装工具→横平竖直安装。

具体的接线步骤可归纳为：打线号→剪导线→剥导线→套号管→套端子→压端子→剪余线→插端子→紧螺丝→走线槽。

二、线路测试

	电路名称	动作指示	测试点1	测试点2	万用表测导通
不上电情况	主电路	无动作（常态）	L1	U	
			L2	V	
			L3	W	
		按KM1测试按钮	L1	U	
			L2	V	
			L3	W	
		按KM2测试按钮	VC：11	VC：12	
			VC：14	V	
			VC：13	W	

续表

	电路名称	动作指示	测试点1	测试点2	万用表测导通
不上电情况	控制电路	常态	L3	L2	
		按 SB1	L3	L2	
		按 SB2	L3	L2	
		按 SB1 或 SB2	L3	L2	
		按 KM1 测试按钮	L3	L2	
		按 KM2 测试按钮	L3	L2	
		按 KM1、KM2 测试按钮	L3	L2	
上电后情况	主电路状况描述				
	控制电路状况描述				

【检查评估】

序号	考核内容	考核要求	评分标准	配分	得分
1	电器元件选择	掌握电器元件的选择方法	1. 接触器、熔断器、热继电器选择不对每项扣4分； 2. 电源开关、按钮、辅助继电器、接线端子、导线选择不对每项扣2分	10	
2	元件安装	1. 按图纸的要求，正确使用工具和仪表，熟练地安装电气元器件； 2. 元件在配电板上布置要合理，安装要准确、紧固	1. 元件布置不整齐、不合理，每只扣2分； 2. 元件安装不牢固、安装元件时漏装螺钉，每只扣2分； 3. 损坏元件每只扣4分	10	
3	布线	1. 接线要求美观、紧固； 2. 电源和电动机配线、按钮接线要接到端子排上	1. 布线不美观，主电路、控制电路每根扣2分； 2. 接点松动，接头露铜过长，压绝缘层，标记线号不清楚、遗漏或误标，每处扣2分； 3. 损伤导线绝缘或线芯，每处扣2分	30	

序号	考核内容	考核要求	评分标准	配分	得分
4	通电试验	在保证人身和设备安全的前提下，通电试验一次成功	1. 设定时间继电器及热继电器整定值错误各扣 5 分； 2. 主电路功能不正确，扣 10 分； 3. 控制电路功能不正确，扣 10 分； 4. 在考核时间内，1 次试车不成功扣 15 分，2 次试车不成功扣 30 分	40	
5	5S 情况	现场、工量具及相关材料的整理与填写	1. 工具仪表摆放不整齐扣 5 分； 2. 工作现场不整洁扣 3 分； 3. 设备使用的登记未填写扣 2 分	10	
6	安全文明生产	按国家颁布的安全生产或企业有关规定考核	本项为否定项	是（　　） 否（　　）	
合计					

【拓展强化】

一、拓展任务

试用 PLC 对控制电路进行改造设计。

二、习题强化

（1）已知某单相变压器的一次绕组电压为 3 000 V，二次绕组电压为 220 V，负载是一台 220 V、25 kW 的电阻炉，试求一、二次绕组的电流各为多少？

（2）在下图中，已知信号源的电压 $U_s = 12$ V，内阻 $R_o = 1$ kΩ，负载电阻 $R_L = 8$ Ω，变压器的变比 $K = 10$，求负载上的电压 U_2。

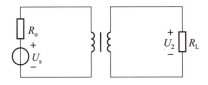

(3) 已知信号源的交流电动势 $E = 2.4$ V，内阻 $R_0 = 600\ \Omega$，通过变压器使信号源与负载完全匹配，若这时负载电阻的电流 $I_L = 4$ mA，则负载电阻应为多少？

(4) 单相变压器一次绕组 $N_1 = 1\,000$ 匝，二次绕组 $N_2 = 500$ 匝，现一次侧加电压 $U_1 = 220$ V，二次侧接电阻性负载，测得二次侧电流 $I_2 = 4$ A，忽略变压器的内阻抗及损耗，试求：

(1) 一次侧等效阻抗 $|Z_1'|$；

(2) 负载消耗功率 P_2。

项目七　双速异步电动机变速控制线路的安装与调试

任务一　按钮控制的双速异步电动机变速电路的安装与调试

【任务描述】

熟悉交流接触器、热继电器、熔断器、空气断路器、复合按钮等低压电器的选用；熟练操作剥线钳、压线钳、验电笔、万用表等常用电工工量具；完成双速控制电路电气图识读与分析，线路安装、接线、检测、调试与排故。

【任务工单】

班级：	组别：	姓名：	日期：
工作任务	按钮控制的双速异步电动机变速电路的安装与调试		分数：

序号	任务内容	是否完成
1	分析定子绕组的△和YY连接	
2	分析双速异步电动机的工作过程	
3	列元器件清单，准备元器件	

续表

序号	任务内容	是否完成
4	绘制电气元件布置图	
5	绘制电气安装接线图	
6	安装与接线	
7	线路检测、调试与排故	
8	工量具、元器件等现场 5S 管理	

【任务分析】

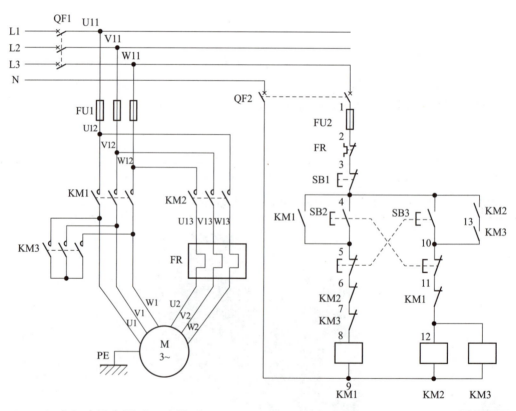

（1）双速电动机在图示 △ 连接时，U2、V2、W2 接线端如何处理？

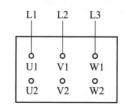

项目七 任务一
任务分析答案

（2）双速电动机在图示 YY 连接时，U1、V1、W1 接线端如何处理？

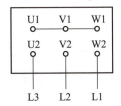

（3）电气原理图中，△连接和YY连接之间如何实现互锁？

【任务准备】

一、列元器件清单

序号	电气符号	名称	数量	规格
1	QF			
2	FU			
3	FR			
4	KM			
5	SB			
6	M			

二、绘制元件布置图

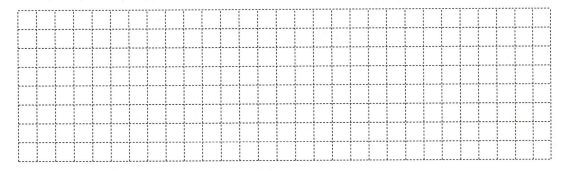

三、绘制电气安装接线图

【任务实施】

一、按规范安装与接线

具体的元件安装步骤可归纳为：选取元件→检查元件→阅读安装说明书→选配安装工具→横平竖直安装。

具体的接线步骤可归纳为：打线号→剪导线→剥导线→套号管→套端子→压端子→剪余线→插端子→紧螺丝→走线槽。

二、线路测试

	电路名称	动作指示	测试点 1	测试点 2	万用表测导通
不上电情况	主电路	无动作（常态）	U11	U1	
			V11	V1	
			W11	W1	
		按 KM1 测试按钮	U11	U1	
			V11	V1	
			W11	W1	
		按 KM2 测试按钮	W11	U2	
			V11	V2	
			U11	W2	
		按 KM3 测试按钮	U1	V1	
			V1	W1	
	控制电路	常态	1	9	
		按 SB2	1	9	
		按 SB3	1	9	
		按 SB2 或 SB3	1	9	
		按 KM1 测试按钮	1	9	
		按 KM2、KM3 测试按钮	1	9	
		按 KM1、KM2、KM3 测试按钮	1	9	
		按 SB1 或 SB2	1	9	
		按 SB1 或 SB3	1	9	

续表

上电后情况	主电路状况描述	
	控制电路状况描述	

【检查评估】

按评分标准实施互评和师评。

序号	考核内容	考核要求	评分标准	配分	得分
1	电器元件选择	掌握电器元件的选择方法	1. 接触器、熔断器、热继电器选择不对每项扣4分； 2. 空气开关、按钮、接线端子、导线选择不对每项扣2分	20	
2	元件安装	1. 按图纸的要求，正确使用工具和仪表，熟练地安装电气元器件； 2. 元件在配电板上布置要合理，安装要准确、紧固	1. 元件布置不整齐、不合理，每只扣2分； 2. 元件安装不牢固、安装元件时漏装螺钉，每只扣2分； 3. 损坏元件每只扣4分	10	
3	布线	1. 接线要求美观、紧固； 2. 电源和电动机配线、按钮接线要接到端子排上	1. 布线不美观，主电路、控制电路每根扣2分； 2. 接点松动、接头露铜过长，压绝缘层，标记线号不清楚、遗漏或误标，每处扣2分； 3. 损伤导线绝缘或线芯，每处扣2分	30	
4	通电试验	在保证人身和设备安全的前提下，通电试验一次成功	1. 熔断器熔体额定电流、热继电器整定值错误每项扣5分； 2. 在考核时间内，1次试车不成功扣15分，2次试车不成功扣30分； 3. 主电路缺相扣5分，控制电路启停、自锁、互锁、低高速按钮切换功能缺失每项扣5分	30	

续表

序号	考核内容	考核要求	评分标准	配分	得分
5	5S 情况	现场、工量具及相关材料的整理与填写	1. 工量具摆放不整齐扣 5 分； 2. 工作台脏乱差扣 5 分； 3. 工位使用登记不填写扣 5 分	10	
6	安全文明生产	按国家颁布的安全生产或企业有关规定考核	本项为否定项，实行一票否决	是（　　） 否（　　）	
合计					

【拓展强化】

一、拓展任务

三速、四速异步电动机变速控制电路的设计。

心得收获

二、习题强化

(1) 由公式 $n = \dfrac{60f(1-S)}{p}$ 可知，改变电动机转速的方法不包括（　　）。

A. 变频率　　　　　　　　　　B. 变转差率

C. 变磁极对数　　　　　　　　D. 变电压

项目七　任务一
习题强化答案

(2) 定子绕组由 △ 连接转变为 YY 连接，适用于拖动（　　）性质的负载。

A. 恒功率　　　　　　　　　　B. 恒转矩

C. 恒电压　　　　　　　　　　D. 恒电流

(3) 定子绕组由 △ 连接转变为 YY 连接时，电动机转速之间的关系是（　　）。

A. $v_{高} = 2v_{低}$　　　　　　　B. $v_{高} = 3v_{低}$

C. $v_{高} = 4v_{低}$　　　　　　　D. $v_{高} = 5v_{低}$

(4) 为了防止 △ 连接和 YY 连接同时接通而短路，控制两种连接的接触器线圈回路之间必须（　　）。

A. 自锁　　　　　　　　　　　B. 互锁

C. 顺序　　　　　　　　　　　D. 并联

(5) 按钮控制的双速电动机电气原理图中，实现 KM2、KM3 线圈自锁的触点是（　　）。

A. KM2、KM3 辅助常闭触点串联　　B. KM1 辅助常闭触点

C. KM2、KM3 辅助常开触点串联　　D. KM1 辅助常开触点

任务二 自动控制的双速异步电动机变速电路的安装与调试

【任务描述】

熟悉时间继电器、交流接触器、热继电器、熔断器、空气断路器、复合按钮等低压电器的选用；熟练操作剥线钳、压线钳、验电笔、万用表等常用电工工量具；完成双速控制电路电气图识读与分析，线路安装、接线、检测、调试与排故。

【任务工单】

班级：	组别：		姓名：		日期：
工作任务	自动控制的双速异步电动机变速电路的安装与调试				分数：

序号	任务内容	是否完成
1	分析断电延时继电器的工作	
2	分析双速异步电动机的工作过程	
3	列元器件清单，准备元器件	
4	绘制电气元件布置图	
5	绘制电气安装接线图	
6	安装与接线	
7	线路检测、调试与排故	
8	工量具、元器件等现场5S管理	

【任务分析】

(1) 断电延时继电器线圈的文字符号是_____，图形符号是_____。

(2) 在下图的括号中填写断电延时断开触点/断电延时闭合触点。

      (　　　　　　)　　　(　　　　　　　)

(3) 断电延时继电器线圈得电时，触点是立即动作还是延时动作？说明工作的先后次序。

(4) 断电延时继电器线圈失电时，触点是立即动作还是延时动作？说明工作的先后次序。

【任务准备】

一、列元器件清单

序号	电气符号	名称	数量	规格
1	QF			
2	FU			
3	FR			
4	KM			
5	KT			
6	KA			
7	M			
8	SB			

二、绘制电器布置图

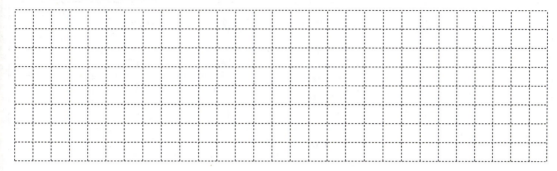

三、绘制电气安装接线图

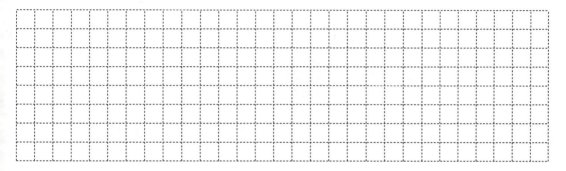

【任务实施】

一、按规范安装与接线

具体的元件安装步骤可归纳为：选取元件→检查元件→阅读安装说明书→选配安装工具→横平竖直安装。

具体的接线步骤可归纳为：打线号→剪导线→剥导线→套号管→套端子→压端子→剪余线→插端子→紧螺丝→走线槽。

二、线路测试

	电路名称	动作指示	测试点 1	测试点 2	万用表测导通
不上电情况	主电路	无动作（常态）	U11	U1	
			V11	V1	
			W11	W1	
		按 KM1 测试按钮	U11	U1	
			V11	V1	
			W11	W1	

续表

	电路名称	动作指示	测试点 1	测试点 2	万用表测导通
不上电情况	主电路	按 KM2 测试按钮	W11	U2	
			V11	V2	
			U11	W2	
		按 KM3 测试按钮	U1	V1	
			V1	W1	
	控制电路	常态	1	7	
		按 SB2	1	7	
		按 KM1 测试按钮	1	7	
		按 KA 测试按钮	1	7	
		按 SB1 或 KM1 测试按钮	1	7	
		按 SB1 或 KA 测试按钮	1	7	

上电后情况	主电路状况描述	
	控制电路状况描述	

【检查评估】

按评分标准实施互评和师评。

序号	考核内容	考核要求	评分标准	配分	得分
1	电器元件选择	掌握电器元件的选择方法	1. 时间继电器、中间继电器、接触器、熔断器、热继电器选择不对每项扣 4 分； 2. 空气开关、按钮、接线端子、导线选择不对每项扣 2 分	20	

续表

序号	考核内容	考核要求	评分标准	配分	得分
2	元件安装	1. 按图纸的要求，正确使用工具和仪表，熟练地安装电气元器件； 2. 元件在配电板上布置要合理，安装要准确、紧固	1. 元件布置不整齐、不合理，每只扣2分； 2. 元件安装不牢固、安装元件时漏装螺钉，每只扣2分； 3. 损坏元件每只扣4分	10	
3	布线	1. 接线要求美观、紧固； 2. 电源和电动机配线、按钮接线要接到端子排上	1. 布线不美观，主电路、控制电路每根扣2分； 2. 接点松动，接头露铜过长，压绝缘层，标记线号不清楚、遗漏或误标，每处扣2分； 3. 损伤导线绝缘或线芯，每处扣2分	30	
4	通电试验	在保证人身和设备安全的前提下，通电试验一次成功	1. 设定时间继电器、熔断器熔体额定电流、热继电器整定值错误每项扣5分； 2. 在考核时间内，1次试车不成功扣15分，2次试车不成功扣30分； 3. 主电路缺相扣5分，控制电路启停、自锁、互锁、时间继电器换接功能缺失每项扣5分	30	
5	5S情况	现场、工量具及相关材料的整理与填写	1. 工量具摆放不整齐扣5分； 2. 工作台脏乱差扣5分； 3. 工位使用登记不填写扣5分	10	
6	安全文明生产	按国家颁布的安全生产或企业有关规定考核	本项为否定项，实行一票否决	是（ ） 否（ ）	
合计					

【拓展强化】

一、拓展任务

通电延时继电器控制双速异步电动机变速的电路设计。

心得收获

二、习题强化

(1) 中间继电器 KA 常闭触点的作用是（　　）。
A. 通断 KM1 线圈　　　　　　　　B. 通断 KM2 线圈
C. 通断 KM3 线圈　　　　　　　　D. 通断 KT 线圈

(2) 中间继电器 KA 在电路中用了三对常开触点，分别起什么作用？

(3) 控制电动机低速与高速运行的线圈回路之间设置了几重互锁？分别是什么？

(4) 断电延时继电器 KT 从什么时候开始计时？

(5) 断电延时继电器和通电延时继电器有什么区别？

项目八 电动机变频调速控制

任务一 使用 BOP 面板控制变频器无级调速

【任务描述】

使用装有 BOP 面板的 MM420 变频器实现三相异步电动机的正转、反转和无级调速控制。

【任务工单】

班级:	组别:	姓名:	日期:
工作任务	使用 BOP 面板实现无级调速		分数:

序号	任务内容	是否完成
1	认识 MM420 变频器产品,正确识读铭牌	
2	认识 MM420 变频器的结构,实践安装和拆卸 MM420 的操作面板和端子盖板,观察接线端子	
3	分析电路原理图,理解电路工作原理,列出器件清单	

续表

序号	任务内容	是否完成
4	绘制电气安装接线图	
5	学习变频器安装知识，规范完成电路的安装、接线与线路检测，做好上电准备。	
6	更换 BOP 面板并使用 BOP 面板更改参数	
7	变频器上电调试（恢复出厂设置、快速调试）	
8	系统运行调试，排除故障	
9	工量具、元器件等现场的 5S 管理	

【任务分析】

项目八 任务一
任务分析答案

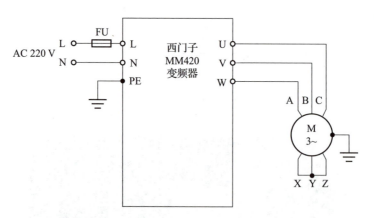

（1）观察电路图，回答问题：

①图中，MM420 变频器是单相还是三相供电类型？供电电压是多少？

②图中，三相异步电动机的转子是 Y 还是 △ 接法？

(2) 说说三相异步交流电动机有哪些调速方式，变频调速的理论依据是什么。

(3) MM420 变频器产品在外形上有几种？说说它们之间有什么区别。

(4) MM420 是一款通用型变频器，主要用于（　　）控制。观察结构图，可知从变频原理分，MM420 属于（　　）变频器。
A. 三相交流电动机　　　　　　　　B. 直流电动机
C. 交 – 交　　　　　　　　　　　　D. 交 – 直 – 交

(5) 使用变频器控制交流电动级调速，变频器的容量应该（　　）电动机容量。
A. 必须等于　　　　　　　　　　　B. 小于
C. 大于等于　　　　　　　　　　　D. 越大越好

【任务准备】

一、列元器件清单

序号	电气符号	名称	数量	规格
1	QF			
2	FU			
3	XT			
4	M	电动机		
5	VVVF	变频器		
6				

二、绘制电器布置图

三、绘制电气安装接线图

【任务实施】

一、认识新设备

（1）查看变频器的铭牌。该 MM420 变频器的订货号为_____，属于_____（A/B/C）型，功率为_____。电源_____（单相/三相）供电，供电电压范围为_____V，电源频率范围为_____；输出电压范围为_____V，电流为_____A，输出频率可调范围为_____Hz。

（2）练习拆卸 MM420 的操作面板和端子盖板，观察功率接线端子，将操作面板更换为 BOP 面板。

二、按规范安装与接线

学习变频器的安装和接线要求；依据图纸规范，完成变频器的安装和接线。

具体的元件安装步骤可归纳为：选取元件→检查元件→阅读安装说明书→选配安装工具→横平竖直安装。

具体的接线步骤可归纳为：打线号→剪导线→剥导线→套号管→套端子→压端子→剪余线→插端子→紧螺丝→走线槽。

三、上电前检查

序号	检查项	确认
1	检测电路有无短路故障	
2	变频器的供电方式是否正确，电压等级是什么，是单相还是三相供电	
3	变频器的"电源频率"DIP 设置是否与电网一致	
4	变频器和电动机的相序是否一致	
5	动力线与数据线是否分开	
6	变频器盖板是否已关闭	

四、变频器上电调试

步骤一：变频器恢复出厂设置

接通电源,将变频器恢复出厂设置,参数设置如下:

序号	变频器参数	出厂值	设定值	功能说明
1	P0010			
2	P0970			

步骤二:快速调试

读电动机名牌数据,设置参数,进行快速调试。

序号	变频器参数	出厂值	设定值	功能说明
1	P0010			
2	P0100			
3	P0304			
4	P0305			
5	P0307			
6	P0310			
7	P0311			
8	P3900			

步骤三:功能调试

修改功能涉及的参数。设置完毕后,将P0010设置成0,为运行做准备。

序号	变频器参数	出厂值	设定值	功能说明
1	P0010			
2	P0003			
3	P1000			
4	P1080			
5	P1082			
6	P1120			
7	P1121			
8	P0700			

四、变频器运行

(1) 按下面板操作按钮 ,启动变频器。

（2）按下操作面板按钮 ▲ 和 ▼ 按钮，增加或减少变频器输出频率。

（3）按下操作面板按钮 ↻ ，改变电动机的运转方向。

（4）按下操作面板按钮 0 ，电动机停止转动。

【检查评估】

按评分标准实施互评和师评。

序号	考核内容	考核要求	评分标准	配分	得分
1	电器元件选择	掌握电器元件的选择方法	1. 接触器、熔断器、变频器、电动机选择不匹配每项扣4分； 2. 空气开关、开关、接线端子、导线选择不对每项扣2分	20	
2	元件安装	1. 按图纸的要求，正确使用工具和仪表，熟练地安装电气元器件； 2. 元件在配电板上布置要合理，安装要准确、紧固	1. 元件布置不整齐、不合理，每只扣2分； 2. 元件安装不牢固、安装元件时漏装螺钉，每只扣2分； 3. 变频器的安装拆卸不规范2分； 4. 损坏元件每只扣4分	10	
3	布线	1. 接线要求美观、紧固； 2. 电源和电动机配线、按钮接线要接到端子排上	1. 布线不美观，主电路、控制电路每根扣2分； 2. 接点松动，接头露铜过长，压绝缘层，标记线号不清楚、遗漏或误标，每处扣2分； 3. 损伤导线绝缘或线芯，每处扣2分	30	
4	通电试验	在保证人身和设备安全的前提下，通电试验一次成功	1. 熔断器熔体额定电流错误5分； 2. 在考核时间内，1次试车不成功扣15分，2次试车不成功扣30分； 3. 主电路缺相扣5分，控制电路功能缺失每项扣5分； 4. 变频器参数设置错误每项扣5分；	30	
5	5S情况	现场、工量具及相关材料的整理与填写	1. 工量具摆放不整齐扣5分； 2. 工作台脏乱差扣5分； 3. 工位使用登记不填写扣5分	10	

续表

序号	考核内容	考核要求	评分标准	配分	得分
6	安全文明生产	按国家颁布的安全生产或企业有关规定考核	本项为否定项，实行一票否决	是（　） 否（　）	
		合计			

【拓展强化】

心得收获

(1) 什么情况下需要变频器复位？MM420 变频器复位后，默认的信号源和频率源是什么？

(2) 什么情况下需要进行快速调试？复位后的电动机默认参数是怎样的？

(3) 参数 P0010 的功能是什么？在进行快速调试和运行时，它的值应该怎样设置？

(4) MM420 的命令源设置成 BOP 应该修改哪个参数？设置成什么值？

(5) 本任务中，如果按下运行按键后电动机没有反应，应该怎样处理？

任务二　使用变频器数字输入端子控制电动机正反转

【任务描述】

变频器可以控制各类机械设备中电动机的正转、反转运行,形成升降运行、前后左右移动以及进刀和退刀等操作。本任务使用变频器数字输入端子控制电动机正反转。

【任务工单】

班级:	组别:	姓名:	日期:
工作任务	使用变频器数字输入端子控制电动机正反转		分数:

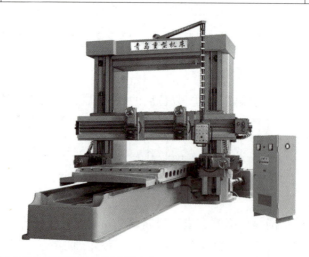

序号	任务内容	是否完成
1	拆卸 MM420 端子盖板,找到数字量端子 DIN1、DIN2 和 DIN3,结合电路框图理解端子的接线	
2	查看变频器手册端子功能参数	
3	分析路原理图,理解电路工作原理,列出器件清单	
4	绘制电气安装接线图	
5	学习变频器安装知识,规范完成电路的安装、接线与线路检测,做好上电准备	
6	变频器上电调试(恢复出厂设置、快速调试)	
7	系统运行调试,排除故障	
8	工量具、元器件等现场的 5S 管理	

项目八 电动机变频调速控制

【任务分析】

项目八 任务二
任务分析答案

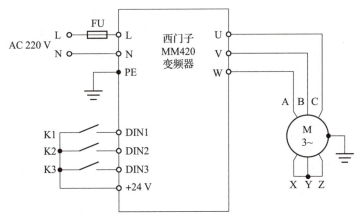

(1) MM420 有几个数字量接口？端子号分别是多少？+24 V 的端口号是多少？

(2) MM420 用来设置数字量端子功能的参数是哪些？变频器复位后这些数字量端子的功能默认是什么？参数的默认值是多少？

(3) MM420 数字量端子功能参数的访问级别是什么？MM420 有几种访问级别？如何更改访问级别？

【任务准备】

一、列元器件清单

序号	电气符号	名称	数量	规格
1	QF			

续表

序号	电气符号	名称	数量	规格
2	FU			
3	K			
4	XT			
5	M	电动机		
6	VVVF	变频器		

二、绘制电器布置图

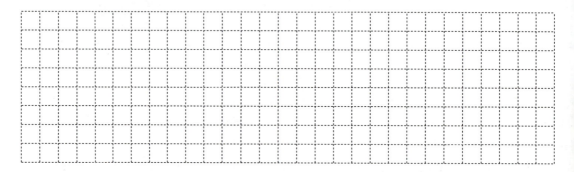

三、绘制电气安装接线图

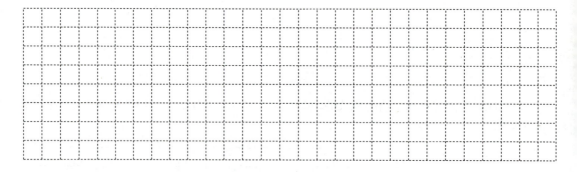

【任务实施】

一、按规范安装与接线

依据图纸规范（注意变频器的安装和接线要求），完成变频器的安装和接线。

具体的元件安装步骤可归纳为：选取元件→检查元件→阅读安装说明书→选配安装工具→横平竖直安装。

具体的接线步骤可归纳为：打线号→剪导线→剥导线→套号管→套端子→压端子→剪余线→插端子→紧螺丝→走线槽。

二、上电前检查

序号	检查项	确认
1	电路经检测有无短路故障	
2	变频器的供电方式是否正确,电压等级是什么,是单相还是三相供电	
3	变频器的"电源频率"DIP 设置是否与电网一致	
4	开关是否接在数字量接线端	
5	变频器和电动机的相序是否一致	
6	动力线与数据线是否分开	
7	变频器盖板是否已关闭	

三、变频器上电调试

步骤一：变频器恢复出厂设置

接通电源,将变频器恢复出厂设置,参数设置如下：

序号	变频器参数	出厂值	设定值	功能说明
1	P0010			
2	P0970			

步骤二：快速调试

序号	变频器参数	出厂值	设定值	功能说明
1	P0010			
2	P0100			
3	P0304			
4	P0305			
5	P0307			
6	P0310			
7	P0311			
8	P3900			

步骤三：功能调试

序号	变频器参数	出厂值	设定值	功能说明
1	P0010			
2	P0003			

续表

序号	变频器参数	出厂值	设定值	功能说明
3	P1000			
4	P1080			
5	P1082			
6	P1120			
7	P1121			
8	P0700			
9	P0701			
10	P0702			
11	P0703			
15	P0010			

四、变频器运行

（1）打开开关"K1""K3"，观察并记录电动机的运转情况。

（2）按下操作面板按钮 ▲ ，增加变频器输出频率。

（3）打开开关"K1""K2""K3"，观察并记录电动机的运转情况。

（4）关闭开关"K3"，观察并记录电动机的运转情况。

（5）改变 P1120、P1121 的值，重复以上步骤，观察电动机运转状态有什么变化。

【检查评估】

按评分标准实施互评和师评。

序号	考核内容	考核要求	评分标准	配分	得分
1	电器元件选择	掌握电器元件的选择方法	1. 接触器、熔断器、变频器、电动机选择不匹配每项扣4分； 2. 空气开关、开关、接线端子、导线选择不对每项扣2分	20	
2	元件安装	1. 按图纸的要求，正确使用工具和仪表，熟练地安装电气元器件； 2. 元件在配电板上布置要合理，安装要准确、紧固；	1. 元件布置不整齐、不合理，每只扣2分； 2. 元件安装不牢固、安装元件时漏装螺钉，每只扣2分； 3. 变频器的安装拆卸不规范扣2分； 4. 损坏元件每只扣4分	10	

续表

序号	考核内容	考核要求	评分标准	配分	得分
3	布线	1. 接线要求美观、紧固； 2. 电源和电动机配线、按钮接线要接到端子排上	1. 布线不美观，主电路、控制电路每根扣2分； 2. 接点松动，接头露铜过长，压绝缘层，标记线号不清楚、遗漏或误标，每处扣2分； 3. 损伤导线绝缘或线芯，每处扣2分	30	
4	通电试验	在保证人身和设备安全的前提下，通电试验一次成功	1. 熔断器熔体额定电流错误扣5分； 2. 在考核时间内，1次试车不成功扣15分，2次试车不成功扣30分； 3. 主电路缺相扣5分，控制电路功能缺失每项扣5分； 4. 变频器参数设置错误每项扣5分；	30	
5	5S情况	现场、工量具及相关材料的整理与填写	1. 工量具摆放不整齐扣5分； 2. 工作台脏乱差扣5分； 3. 工位使用登记不填写扣5分	10	
6	安全文明生产	按国家颁布的安全生产或企业有关规定考核	本项为否定项，实行一票否决	是（ ） 否（ ）	
合计					

【拓展强化】

（1）如果使用外接电源为数字量输入回路供电，电路图如何变化？

心得收获

（2）修改参数，实现外部端子控制电动机点动运行？

（3）参数 P0003 的功能是什么？怎样通过手册查看一个参数对应的访问等级？

（4）参数 P1120、P1121 的功能是什么？调整该参数对电动机的运行有什么影响？

（5）本任务中，如果正转开关 K1 接通后电动机没有反应，应该怎样处理？

任务三　使用数字输入端子实现多段速控制

【任务描述】

水池内有三个液位传感器（由低到高分别为 K1、K2、K3）。使用变频器拖动水泵给水池供水，控制要求如下：水池液位低于 K1 时，水泵全速运行（50 Hz）；液位超过 K1，低于 K2 时，水泵中速运行（25 Hz）；液位超过 K2，低于 K3 时，水泵低速运行（10 Hz），水位到达 K3 时，水泵停止运行。完成电路设计及模拟调试。

【任务工单】

班级：	组别：	姓名：	日期：
工作任务	使用数字输入端子实现多段速控制		分数：

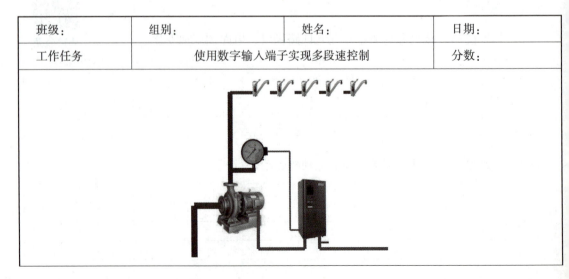

序号	任务内容	是否完成
1	理解多段速的控制方式和参数设置	
2	分析"多段速选择变频器调速控制"电路	
3	列元器件清单，准备元器件	
4	绘制电气安装接线图	
5	安装、接线与线路检测	
6	变频器参数设置	
7	变频器上电调试	
8	系统运行调试	
9	工量具、元器件等现场的5S管理	

【任务分析】

项目八　任务三
任务分析答案

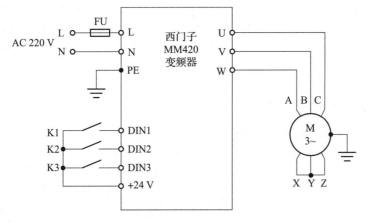

（1）若将MM420数字量输入端子DIN1的功能设置为固定频率设定值"二进制编码选择+ON"的功能，需修改哪个参数？参数值设定为多少？

（2）若将MM420数字量输入端子DIN1、DIN2和DIN3的功能均设置为固定频率设定值"二进制编码选择+ON"的功能，则可以组合输出几个频率？

(3) 写出"二进制编码选择+ON"频率输出方式中,端口状态组合与输出频率的关系。

频率值参数	运行频率	DIN3 端子 7	DIN2 端子 6	DIN1 端子 5
—	OFF			
P1001	固定频率 1			
P1002	固定频率 2			
P1003	固定频率 3			
P1004	固定频率 4			
P1005	固定频率 5			
P1006	固定频率 6			
P1007	固定频率 7			

(4) 数字输入端口功能设置参数 P0701~P0703 的访问等级是多少?如何设置?

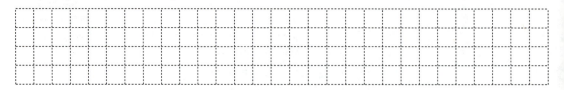

(5) 固定频率设置参数 P1001~P1007 的访问等级是多少?在访问等级 2 的设置下,可否修改访问等级为 1 的参数?反过来呢?

【任务准备】

一、列元器件清单

序号	电气符号	名称	数量	规格
1	QF			
2	FU			
3	FR			
4	KM			
5	K			

续表

序号	电气符号	名称	数量	规格
6	XT			
7	M			
8	VVVF			

二、绘制电器布置图

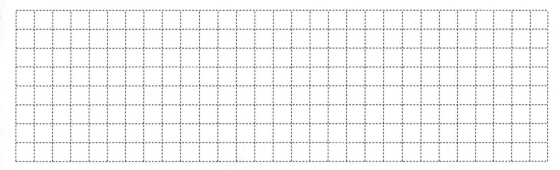

三、绘制电气安装接线图

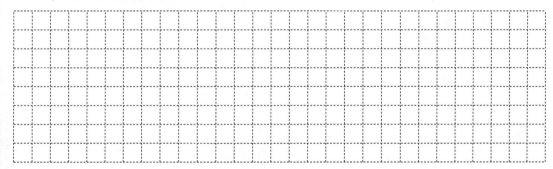

【任务实施】

一、按规范安装与接线

具体的元件安装步骤可归纳为：选取元件→检查元件→阅读安装说明书→选配安装工具→横平竖直安装。

具体的接线步骤可归纳为：打线号→剪导线→剥导线→套号管→套端子→压端子→剪余线→插端子→紧螺丝→走线槽。

二、上电前检查

序号	变频器参数	确认
1	电路经检测有无短路故障	
2	变频器的供电方式是否正确，电压等级是多少，是单相还是三相供电	

续表

序号	变频器参数	确认
3	变频器的"电源频率"DIP 设置是否与电网一致	
4	变频器和电动机的相序是否一致	
5	动力线与数据线是否分开	
6	变频器盖板是否已关闭	

三、变频器上电调试

步骤一：变频器恢复出厂设置

接通电源，将变频器恢复出厂设置，操作如下：

序号	变频器参数	出厂值	设定值	功能说明
1	P0010			
2	P0970			

步骤二：快速调试

序号	变频器参数	出厂值	设定值	功能说明
1	P0010		1	
2	P0100			
3	P0304			
4	P0305			
5	P0307			
6	P0310			
7	P0311			
8	P3900			

步骤三：功能调试

序号	变频器参数	出厂值	设定值	功能说明
1	P0010			
2	P0003			
3	P1000			
4	P1080			

续表

序号	变频器参数	出厂值	设定值	功能说明
5	P1082			
6	P1120			
7	P1121			
8	P0700			
9	P0701			
10	P0702			
11	P7003			
12	P1001			
13	P1002			
14	P1003			
15	P1004			
16	P1005			
17	P1006			
18	P1007			
19	P0010			

四、变频器运行

（1）接通电源；
（2）切换开关"K1""K2""K3"的通断，观察并记录变频器的输出频率。

【检查评估】

按评分标准实施互评和师评。

序号	考核内容	考核要求	评分标准	配分	得分
1	电器元件选择	掌握电器元件的选择方法	1. 接触器、熔断器、变频器、电动机选择不对每项扣4分； 2. 空气开关、开关、接线端子、导线选择不对每项扣2分	20	

续表

序号	考核内容	考核要求	评分标准	配分	得分
2	元件安装	1. 按图纸的要求，正确使用工具和仪表，熟练地安装电气元器件； 2. 元件在配电板上布置要合理，安装要准确、紧固	1. 元件布置不整齐、不合理，每只扣2分； 2. 元件安装不牢固、安装元件时漏装螺钉，每只扣2分； 3. 损坏元件每只扣4分	10	
3	布线	1. 接线要求美观、紧固； 2. 电源和电动机配线、按钮接线要接到端子排上	1. 布线不美观，主电路、控制电路每根扣2分； 2. 接点松动，接头露铜过长，压绝缘层，标记线号不清楚、遗漏或误标，每处扣2分； 3. 损伤导线绝缘或线芯，每处扣2分	30	
4	通电试验	在保证人身和设备安全的前提下，通电试验一次成功	1. 熔断器熔体额定电流错误5分； 2. 在考核时间内，1次试车不成功扣15分，2次试车不成功扣30分； 3. 主电路缺相扣5分，控制电路功能缺失每项扣5分； 4. 变频器参数设置错误每项扣5分；	30	
5	5S情况	现场、工量具及相关材料的整理与填写	1. 工量具摆放不整齐扣5分； 2. 工作台脏乱差扣5分； 3. 工位使用登记不填写扣5分	10	
6	安全文明生产	按国家颁布的安全生产或企业有关规定考核	本项为否定项，实行一票否决	是（　） 否（　）	
合计					

【拓展强化】

（1）变频器调速固定频率设置有几种工作方式？对应参数值是多少？

心得收获

（2）查看手册，将数字量输入端子 DIN1、DIN2 设置成"二进制编码选择+ON 命令方式"，列出需要修改的参数表。DIN1 和 DIN2 同时接通时，输出的频率与设置的频率有什么关系？

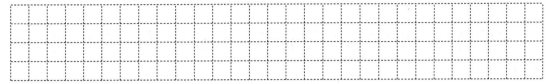

（3）该项目中，如果使用 PLC 来作控制器，则电路图和程序应如何设计？

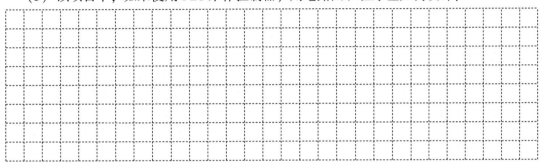

项目九　CA6140 型车床电气故障检测与维修

任务一　CA6140 型车床主轴电动机故障检测

【任务描述】

识读 CA6140 型车床主轴电动机原理图，根据设置的故障，对主轴电动机进行故障检测，并填写维修工作表。

【任务工单】

班级：	组别：	姓名：	日期：
工作任务	CA6140 型车床主轴电动机故障检测		分数：

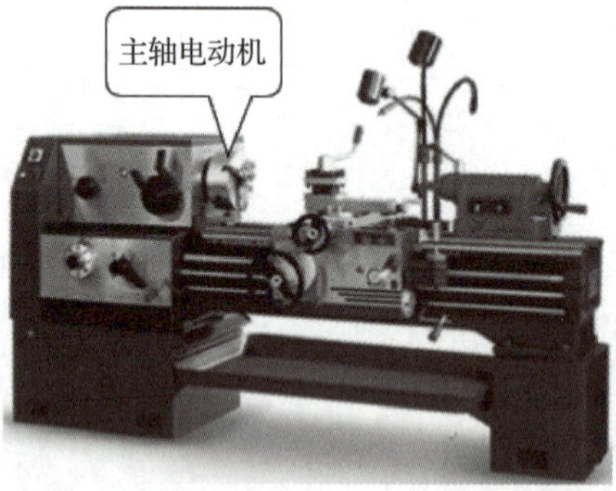

序号	任务内容	是否完成
1	分析 CA6140 型车床主轴电动机电气原理图	
2	列出排故需要的工量具清单	
3	对 CA6140 型车床主轴电动机进行维修并填写维修表	
4	检查评分	
5	拓展训练	

【任务分析】

项目九 CA6140型车床电气故障检测与维修

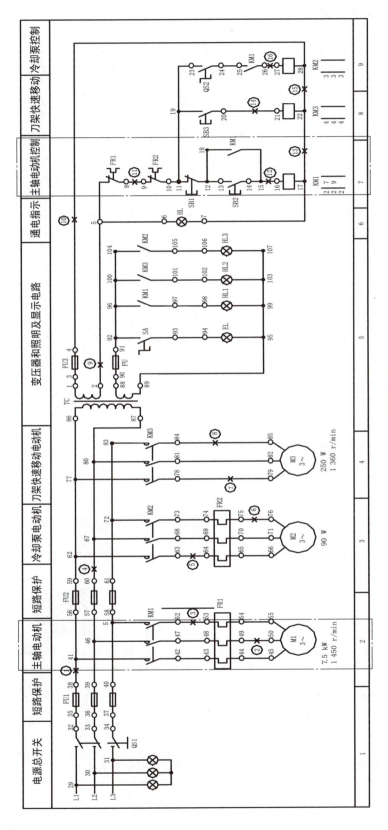

CA6140型车床电气原理图

（1）机床电气图由几部分组成？分别是什么？

（2）什么是符号位置索引？

（3）请描述主轴电动机的工作过程。

【任务准备】

列出排故时的工量具清单。

序号	器件名称	数量	规格
1			
2			
3			
4			

【任务实施】

CA6140型车床维修工作表（设置2~3个故障）

视频9-1：车床故障检测技巧

工位号	
工作任务	CA6140车床电气线路故障检测与排除
工作时间	自___时___分至___时___分
工作条件	观察故障现象和排除故障后试机**通电**；检测及排故过程**停电**
工作许可人签名	

续表

维修要求	1. 在工作许可人签名后方可进行检修； 2. 对电气线路进行检测，确定线路的故障点，排除、调试并填写下列表格； 3. 严格遵守电工操作安全规程； 4. 不得擅自改变原线路接线，不得更改电路和元件位置； 5. 完成检修后能恢复该车床的各项功能			
故障现象描述				
故障检测和排除过程				
故障点描述				

【检查评估】

项目内容	分值	评分标准	扣分	得分
故障分析	30 分	1. 排除故障前不进行调查研究扣 5 分； 2. 检修思路不正确扣 5 分； 3. 标不出故障点、线或标错位置，每个故障点扣 10 分		
检修故障	60 分	1. 切断电源后不验电扣 5 分； 2. 使用仪表和工具不正确，每次扣 5 分； 3. 检查故障的方法不正确扣 10 分； 4. 查出故障不会排除，每个故障扣 20 分； 5. 检修中扩大检修范围扣 10 分； 6. 少查出故障，每个扣 20 分； 7. 损坏电气元件扣 30 分； 8. 检修中或检修后试车操作不正确，每次扣 5 分		

续表

项目内容	分值	评分标准	扣分	得分
安全规范	10 分	1. 防护用品穿戴不齐全扣 5 分； 2. 检修结束后未恢复原状扣 5 分； 3. 检修中丢失零件扣 5 分； 4. 出现短路或触电事故扣 10 分		
工时		检查故障超时，每超时 5 min 扣 5 分，最多可延长 20 min		
合计	100 分			

【拓展强化】

一、拓展任务

分析冷却泵电动机的工作原理。

二、习题强化

（1）CA6140 车床的主要运动是什么？

项目九　任务一习题强化答案

（2）机床电气图分为哪三种？

（3）电气故障检测的步骤是什么？

(4) 一个企业内部谁可以对机床做电气维护工作？
A. 每一位员工　　　　　　　　　　B. 电气专业技术人员
C. 实习生　　　　　　　　　　　　D. "自动化技术电工"培训师
E. 工业机械工（机修钳工）

(5) 在做修理工中使用一个电压检测仪器，问什么时候应该检查其状态是否良好？
A. 每天　　　　　　　　　　　　　B. 每次使用之前
C. 每周一次　　　　　　　　　　　D. 每月一次
E. 每年一次

任务二　CA6140 型车床刀架快速移动电动机故障检测

【任务描述】

查阅、了解 CA6140 型刀架快速移动电动机的工作过程，分析 CA6140 型车床刀架快速移动电动机电气原理图，对设置的 2~3 个常见故障进行检测并排除，填写维修工作表。

【任务工单】

班级：	组别：	姓名：	日期：
工作任务	CA6140 型刀架快速移动电机故障检测		分数：

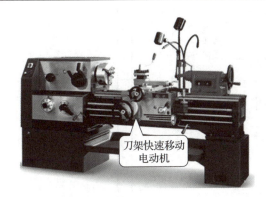

序号	任务内容	是否完成
1	分析 CA6140 型车床刀架快速移动电动机电气原理图	
2	列出排故需要的工量具清单	
3	对 CA6140 型刀架快速移动电动机进行维修并填写维修表	
4	检查评分	
5	拓展训练	

【任务分析】

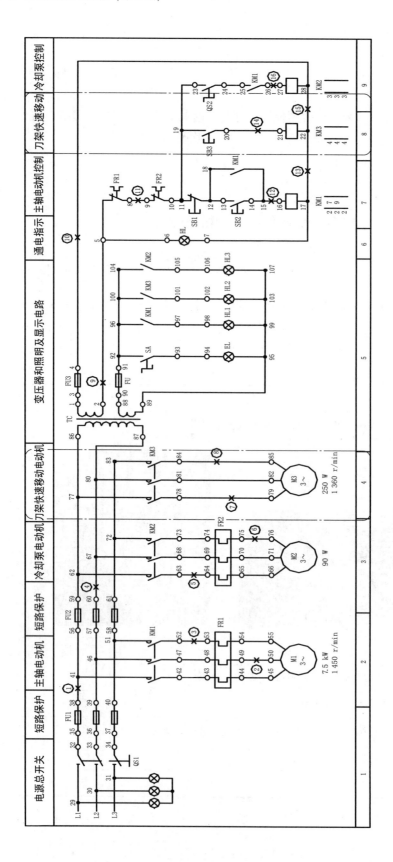

(1) 简述刀架快速移动电动机的工作过程。

(2) 描述刀架快速移动电动机常见的故障有哪些。

【任务准备】

列出排故时的工量具清单。

序号	器件名称	数量	规格
1			
2			
3			
4			

【任务实施】

工位号	
工作任务	CA6140 车床刀架快速移动故障的检测与排除
工作时间	自＿＿时＿＿分至＿＿时＿＿分
工作条件	观察故障现象和排除故障后试机**通电**；检测及排故过程**停电**
工作许可人签名	
维修要求	1. 在工作许可人签名后方可进行检修； 2. 对电气线路进行检测，确定线路的故障点，排除、调试并填写下列表格； 3. 严格遵守电工操作安全规程； 4. 不得擅自改变原线路接线，不得更改电路和元件位置； 5. 完成检修后能恢复该车床各项功能

续表

故障现象描述			
故障检测和排除过程			
故障点描述			

项目九 CA6140 型车床电气故障检测与维修

【检查评估】

项目内容	分值	评分标准	扣分	得分
故障分析	30 分	1. 排除故障前不进行调查研究扣 5 分； 2. 检修思路不正确扣 5 分； 3. 标不出故障点、线或标错位置，每个故障点扣 10 分		
检修故障	60 分	1. 切断电源后不验电扣 5 分； 2. 使用仪表和工具不正确，每次扣 5 分； 3. 检查故障的方法不正确扣 10 分； 4. 查出故障不会排除，每个故障扣 20 分； 5. 检修中扩大检修范围扣 10 分； 6. 少查出故障，每个扣 20 分； 7. 损坏电气元件扣 30 分； 8. 检修中或检修后试车操作不正确，每次扣 5 分		
安全规范	10 分	1. 防护用品穿戴不齐全扣 5 分； 2. 检修结束后未恢复原状扣 5 分； 3. 检修中丢失零件扣 5 分； 4. 出现短路或触电扣 10 分		
工时		检查故障超时，每超时 5 min 扣 5 分，最多可延长 20 min		
合计	100 分			

【拓展强化】

项目九　任务二
拓展强化答案

（1）CA6140 型车床使用多年，对车床电气进行大修应对电动机进行（　　）。

A. 不修　　　　　　B. 小修　　　　　　C. 中修　　　　　　D. 大修

（2）能够充分表达电气设备、电器用途以及线路工作原理的是（　　）。

A. 接线图　　　　　　B. 电路图
C. 布置图

（3）同一电路的各元件在电路图和接线图中使用的图形符号、文字符号要（　　）。

A. 基本相同　　　　　　B. 不同
C. 完全相同

任务三　CA6140 型车床电气故障检测

【任务描述】

查阅、了解 CA6140 型车床工作过程，分析 CA6140 型车床电气原理图，对设置的 2～3 个常见故障进行检测并排除，填写维修工作表。

【任务工单】

班级：	组别：	姓名：	日期：
工作任务	CA6140 型车床电气故障检测		分数：

序号	任务内容	是否完成
1	分析 CA6140 型车床电气原理图	
2	列出排故需要的工量具清单	
3	对 CA6140 型车床电气进行维修并填写维修表	
4	检查评分	
5	拓展训练	

【任务分析】

项目九　CA6140 型车床电气故障检测与维修

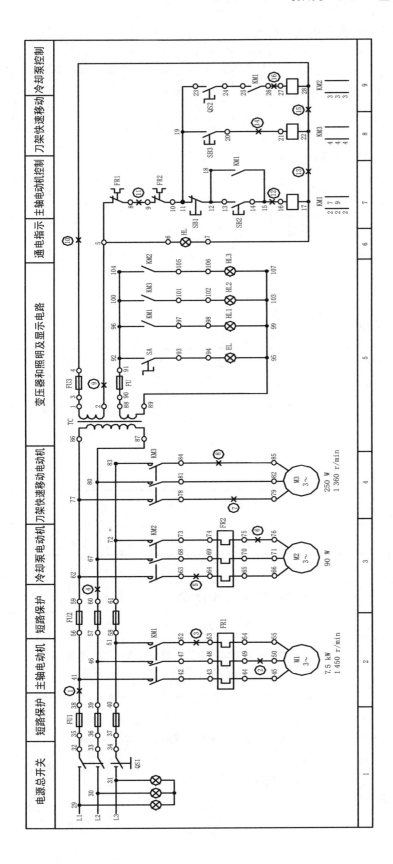

(1) CA6140型车床电气由几个电动机组成？

(2) CA6140型车床常见的故障有哪些？

【任务准备】

列出排故时的工量具清单。

序号	器件名称	数量	规格
1			
2			
3			
4			

【任务实施】

工位号	
工作任务	CA6140车床电气线路故障检测与排除
工作时间	自___时___分至___时___分
工作条件	观察故障现象和排除故障后试机**通电**；检测及排故过程**停电**
工作许可人签名	
维修要求	1. 在工作许可人签名后方可进行检修； 2. 对电气线路进行检测，确定线路的故障点，排除、调试并填写下列表格； 3. 严格遵守电工操作安全规程； 4. 不得擅自改变原线路接线，不得更改电路和元件位置； 5. 完成检修后能恢复该车床各项功能

续表

故障现象描述			
故障检测和排除过程			
故障点描述			

【检查评估】

项目内容	分值	评分标准	扣分	得分
故障分析	30 分	1. 排除故障前不进行调查研究扣 5 分； 2. 检修思路不正确扣 5 分； 3. 标不出故障点、线或标错位置，每个故障点扣 10 分		
检修故障	60 分	1. 切断电源后不验电扣 5 分； 2. 使用仪表和工具不正确，每次扣 5 分； 3. 检查故障的方法不正确扣 10 分； 4. 查出故障不会排除，每个故障扣 20 分； 5. 检修中扩大检修范围扣 10 分； 6. 少查出故障，每个扣 20 分； 7. 损坏电气元件扣 30 分； 8. 检修中或检修后试车操作不正确，每次扣 5 分		

续表

项目内容	分值	评分标准	扣分	得分
安全规范	10 分	1. 防护用品穿戴不齐全扣 5 分； 2. 检修结束后未恢复原状扣 5 分； 3. 检修中丢失零件扣 5 分； 4. 出现短路或触电扣 10 分		
工时		检查故障超时，每超时 5 min 扣 5 分，最多可延长 20 min		
合计	100 分			

【拓展强化】

项目九 任务三 拓展强化答案

（1）在电气原理图中，QS、FU、KM、KA、KS、FR、SB 各代表什么元器件？

（2）电气控制原理图中有哪些组成部分？各有什么作用？

（3）在电气控制线路中采用低压断路器作电源引入开关，电源电路是否还要用熔断器作短路保护？控制电路是否还要用熔断器作断路保护？

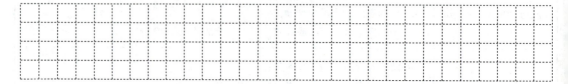

项目十 M7120 平面磨床控制线路的故障检测

任务一 M7120 平面磨床砂轮电动机常见故障检测

【任务描述】

查阅、了解 M7120 型磨床砂轮电动机工作过程，重点分析 M7120 磨床砂轮电动机的电气控制图，对设置 2~3 个的常见故障进行检测并排除，填写维修工作表。

【任务工单】

班级：	组别：	姓名：	日期：
工作任务	M7120 磨床砂轮电机常见故障检测		分数：

序号	任务内容	是否完成
1	分析 M7120 磨床砂轮电动机控制图	
2	列出排故需要的工量具清单	
3	对 M7120 磨床砂轮电动机进行维修并填写维修表	
4	检查评分	
5	拓展训练	

【任务分析】

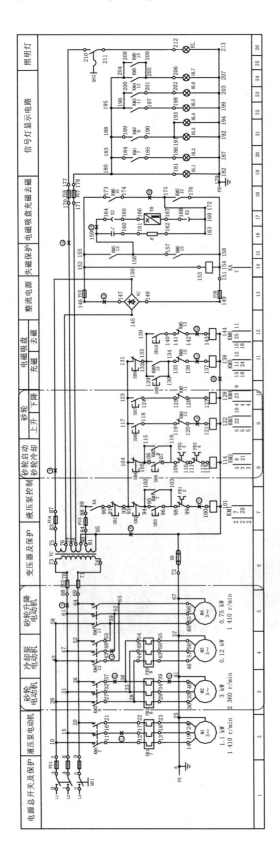

项目十 M7120 平面磨床控制线路的故障检测

(1) 简述砂轮电动机的工作过程。

(2) 简述砂轮升降电动机的工作过程。

【任务准备】

列出排故时需要的工量具清单。

序号	器件名称	数量	规格
1			
2			
3			
4			
5			
6			

【任务实施】

M7120 平面磨床砂轮电机维修工作表

工位号	
工作任务	M7120 平面磨床砂轮电机电气线路故障检测与排除
工作时间	自___时___分至___时___分
工作条件	观察故障现象和排除故障后试机**通电**，检测及排故过程**停电**
工作许可人签名	
维修要求	1. 在工作许可人签名后方可进行检修； 2. 对电气线路进行检测，确定线路的故障点，排除、调试并填写下列表格； 3. 严格遵守电工操作安全规程； 4. 不得擅自改变原线路接线，不得更改电路和元件位置； 5. 完成检修后能恢复该磨床各项功能。

续表

故障现象描述			
故障检测和排除过程			
故障点描述			

【检查评估】

项目内容	分值	评分标准	扣分	得分
故障分析	30 分	1. 排除故障前不进行调查研究扣 5 分； 2. 检修思路不正确扣 5 分； 3. 标不出故障点、线或标错位置，每个故障点扣 10 分		
检修故障	60 分	1. 切断电源后不验电扣 5 分； 2. 使用仪表和工具不正确，每次扣 5 分； 3. 检查故障的方法不正确扣 10 分； 4. 查出故障不会排除，每个故障扣 20 分； 5. 检修中扩大检修范围扣 10 分； 6. 少查出故障，每个扣 20 分； 7. 损坏电气元件扣 30 分； 8. 检修中或检修后试车操作不正确，每次扣 5 分		

续表

项目内容	分值	评分标准	扣分	得分
安全规范	10 分	1. 防护用品穿戴不齐全扣 5 分； 2. 检修结束后未恢复原状扣 5 分； 3. 检修中丢失零件扣 5 分； 4. 出现短路或触电扣 10 分		
工时		检查故障超时，每超时 5 min 扣 5 分，最多可延长 20 min		
合计	100 分			

【拓展强化】

一、拓展任务

分析磨床电气图中的保护与变压功能。

二、习题强化

（1）M7120 磨床的主要运动是什么？

项目十 任务一习题强化答案

（2）M7120 磨床砂轮电动机的主电路和控制电路分别在几号线路？

（3）M7120 磨床砂轮电动机常见的故障有哪些？

任务二 M7120 平面磨床电磁吸盘控制故障检测

【任务描述】

查阅、了解 M7120 磨床电磁吸盘控制的工作过程,重点分析 M7120 磨床电磁吸盘控制的电气控制图,对设置的 2~3 个常见故障进行检测并排除,填写维修工作表。

【任务工单】

班级:	组别:	姓名:	日期:
工作任务	M7120 磨床电磁吸盘控制故障检测		分数:

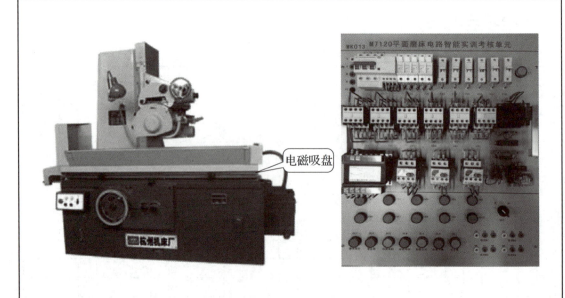

序号	任务内容	是否完成
1	分析 M7120 磨床电磁吸盘控制图	
2	列出排故需要的工量具清单	
3	对 M7120 磨床电磁吸盘进行维修并填写维修表	
4	检查评分	
5	拓展训练	

【任务分析】

项目十 M7120 平面磨床控制线路的故障检测

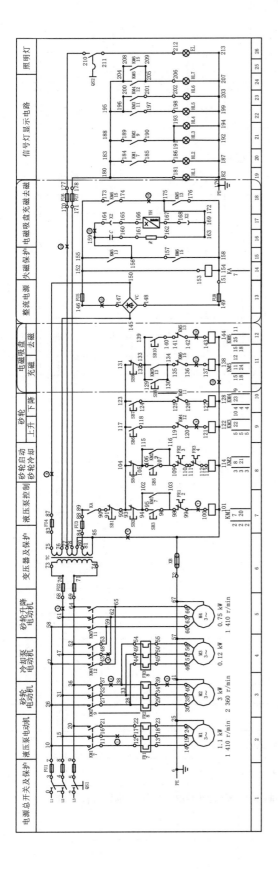

(1) 简述 M7120 磨床电磁吸盘充磁的工作过程。

(2) 简述 M7120 磨床电磁吸盘去磁的工作过程。

(3) 简述整流电路、失磁保护的工作原理。

【任务准备】

列出排故时的工量具清单。

序号	器件名称	数量	规格
1			
2			
3			
4			
5			
6			

【任务实施】

工位号	
工作任务	M7120 平面磨床电磁吸盘故障检测
工作时间	自___时___分至___时___分
工作条件	观察故障现象和排除故障后试机**通电**；检测及排故过程**停电**
工作许可人签名	

续表

维修要求	1. 在工作许可人签名后方可进行检修； 2. 对电气线路进行检测，确定线路的故障点，排除、调试并填写下列表格； 3. 严格遵守电工操作安全规程； 4. 不得擅自改变原线路接线，不得更改电路和元件位置； 5. 完成检修后能恢复该磨床各项功能		
故障现象描述			
故障检测和排除过程			
故障点描述			

【检查评估】

项目内容	分值	评分标准	扣分	得分
故障分析	30 分	1. 排除故障前不进行调查研究扣 5 分； 2. 检修思路不正确扣 5 分； 3. 标不出故障点、线或标错位置，每个故障点扣 10 分		

续表

项目内容	分值	评分标准	扣分	得分
检修故障	60 分	1. 切断电源后不验电扣 5 分； 2. 使用仪表和工具不正确，每次扣 5 分； 3. 检查故障的方法不正确扣 10 分； 4. 查出故障不会排除，每个故障扣 20 分； 5. 检修中扩大检修范围扣 10 分； 6. 少查出故障，每个扣 20 分； 7. 损坏电气元件扣 30 分； 8. 检修中或检修后试车操作不正确，每次扣 5 分		
安全规范	10 分	1. 防护用品穿戴不齐全扣 5 分； 2. 检修结束后未恢复原状扣 5 分； 3. 检修中丢失零件扣 5 分； 4. 出现短路或触电扣 10 分		
工时		检查故障超时，每超时 5 min 扣 5 分，最多可延长 20 min		
合计	100 分			

【拓展强化】

一、拓展任务

请查阅你身边的磨床的型号并对该磨床中一个电动机的工作过程进行描述。

二、习题强化

（1）M7120 平面磨床的工件夹紧是通过电磁吸盘来实现的，这种说法对吗？

项目十　任务二
习题强化答案

（2）整流装置的作用是什么？

（3）机床设备控制电路常采用哪些保护措施？

任务三 M7120 平面磨床电气故障检测

【任务描述】

查阅、了解 M7120 平面磨床工作过程，分析 M7120 平面磨床电气控制图，对设置的 2~3 个常见故障进行检测并排除，填写维修工作表。

【任务工单】

班级：	组别：	姓名：	日期：
工作任务	M7120 平面磨床电气故障检测		分数：

序号	任务内容	是否完成
1	分析 M7120 磨床电气图	
2	列出排故需要的工量具清单	
3	对 M7120 磨床进行维修并填写维修表	
4	检查评分	
5	拓展训练	

【任务分析】

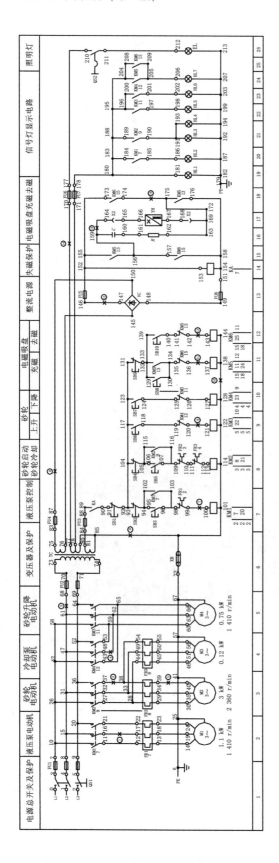

(1) M7120 磨床电气由几部分组成？分别是什么？

(2) M7120 磨床电气控制有哪些保护？

(3) 描述 M7120 磨床电气控制四个电动机的工作过程。

【任务准备】

(1) 列出排故时的工量具清单。

序号	器件名称	数量	规格
1			
2			
3			
4			
5			
6			

【任务实施】

工位号	
工作任务	M7120 平面磨床电气线路故障检测与排除
工作时间	自___时___分至___时___分
工作条件	观察故障现象和排除故障后试机**通电**；检测及排故过程**停电**
工作许可人签名	

续表

维修要求	1. 在工作许可人签名后方可进行检修； 2. 对电气线路进行检测，确定线路的故障点，排除、调试并填写下列表格； 3. 严格遵守电工操作安全规程； 4. 不得擅自改变原线路接线，不得更改电路和元件位置； 5. 完成检修后能恢复该磨床各项功能		
故障现象描述			
故障检测和排除过程			
故障点描述			

【检查评估】

项目内容	分值	评分标准	扣分	得分
故障分析	30 分	1. 排除故障前不进行调查研究扣 5 分； 2. 检修思路不正确扣 5 分； 3. 标不出故障点、线或标错位置，每个故障点扣 10 分		

续表

项目内容	分值	评分标准	扣分	得分
检修故障	60 分	1. 切断电源后不验电扣 5 分； 2. 使用仪表和工具不正确，每次扣 5 分； 3. 检查故障的方法不正确扣 10 分； 4. 查出故障不会排除，每个故障扣 20 分； 5. 检修中扩大检修范围扣 10 分； 6. 少查出故障，每个扣 20 分； 7. 损坏电气元件扣 30 分； 8. 检修中或检修后试车操作不正确，每次扣 5 分		
安全规范	10 分	1. 防护用品穿戴不齐全扣 5 分； 2. 检修结束后未恢复原状扣 5 分； 3. 检修中丢失零件扣 5 分； 4. 出现短路或触电扣 10 分		
工时		检查故障超时，每超时 5 min 扣 5 分，最多可延长 20 min		
合计	100 分			

【拓展强化】

一、拓展任务

请查询你身边的磨床型号，分析其主轴电动机的工作原理。

二、习题强化

（1）电磁吸盘部分的保护装置由哪几部分组成？

项目十　任务三习题强化答案

（2）电磁吸盘控制电路由哪几部分组成？

（3）在砂轮升降控制线路中为什么使用互锁？